解析幾何とベクトル軌跡

田中 久四郎 著

「d-book」シリーズ

http：//euclid.d-book.co.jp/

電気書院

目　次

1　解析幾何学の発端　　　　　　　　　　　　　　　　　　　　　　　　　1

2　解析幾何学の基礎知識
- 2・1　直線とその方程式 …………………………………………………… 9
- 2・2　円とその方程式 ……………………………………………………… 15
- 2・3　楕円とその方程式 …………………………………………………… 21
- 2・4　双曲線とその方程式 ………………………………………………… 26
- 2・5　放物線とその方程式 ………………………………………………… 29
- 2・6　2次曲線の一般と極方程式 ………………………………………… 33

3　ベクトル軌跡の研究
- 3・1　複素数の虚数部が変化した場合のベクトル軌跡 ………………… 39
- 3・2　複素数の実数部が変化した場合のベクトル軌跡 ………………… 42
- 3・3　積の形の複素数の虚数部が変化した場合のベクトル軌跡 ……… 43
- 3・4　商の形の複素数の虚数部が変化した場合のベクトル軌跡 ……… 44
- 3・5　複素変数双曲線関数のベクトル軌跡 ……………………………… 45
- 3・6　ベクトル軌跡に関する諸定理 ……………………………………… 46

4　ベクトル軌跡の例題　　　　　　　　　　　　　　　　　　　　　　　55

5　解析幾何の要点
- 5・1　解析幾何の基礎知識 ………………………………………………… 64
- 5・2　ベクトル軌跡一般 …………………………………………………… 66
- 5・3　ベクトル軌跡に関する諸定理 ……………………………………… 66

6　解析幾何の演習問題　　　　　　　　　　　　　　　　　　　　　　　67

1 解析幾何学の発端

座標幾何学　幾何学と代数学を両親として生れた解析幾何学は，図形の諸性質を調べるのに座標を導入して図形を方程式化する．そこでこれを座標幾何学ともいうが，その発端から始めることにしよう．

今を去る五百有余年前の1619年の12月10日の夜，当時　モーリス公の軍に従い，ドナウ河上の陣営にあったデカルト（Descartes；1596～1650）は．古来ギリシャの幾何学者たちが必要に応じて次ぎ次ぎと発見した各種の曲線が，それらの間に何の脈絡もなくただ雑然とつみ重ねられてきたことに対し，これになんらかの秩序を与え整然と分類できないものであろうかという常日頃の命題に思いめぐらせていた．ドナウの流れは夜のしじまに沈み月光はつめたく冴え，望郷の想いは思索のまにまに浮びては消え浮びてはたゆたい，23才の青年デカルトの眼は夢見るようであった．その視線のあたり，歪められた方眼紙のように縦横の亀裂に模様づけられた壁面に，冬の寒さに耐え辛うじて生命を保った老残の1匹の蠅が　たどたどと曲線を画いて動きつづけている．そのときデカルトの脳裡に閃光のように一つの考えがつらぬいた．"そうだ，この蠅の位置Pは図1·1のように壁面の下方の水平線OXからの距離yと壁面の側方の垂直線OYからの距離xによってP(x, y)と確定する．それぞれの時刻に蠅のいた位置を記録して，これを結ぶと蠅の運動曲線がえられる．

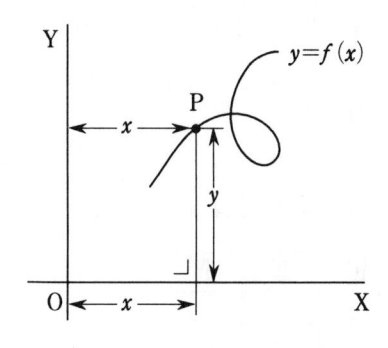

図1·1　デカルトと蠅

つまり，この座標の変化として曲線が画けるから，逆にある一つの曲線はX軸上のxの変化に応ずるY軸上のyの値の変化状態$y=f(x)$としてあらわされよう．

このように曲線を形成している各点の位置を明確にすると曲線を構成する法則が把握され，その幾何学的な性質が数の関係におきかえられる．だから曲線の性質を研究することは，この曲線上を移動する点の座標によってあらわされる方程式を研究することに帰着し，この方程式によって曲線を分類し系統づけることができよう"　——こうしてデカルトは幾何学に代数学をとり入れて解析幾何学を創始した．

もっともこうした思想なり取扱いの片鱗はそれまでにもなくはなかったが，座標という概念を導入し関数の概念を明確に保持し曲線を方程式にあらわしたところにデカルトの偉大さがある．ただし，座標（Coordinate）という言葉は1692年にライ

1 解析幾何学の発端

プニッツによって与えられ，解析幾何学 (Geometrie analitíque) という名称は1797年にラクロアによって命名されたものである．デカルトがその夜に着想したことは1637年に主著の付録としての La géométrie に記載されているが，記述が無秩序で高踏的であったため普及しなかった．その後，彼の友人ボーヌがこれに注釈を加えて普及につとめた．くしくも同年（1637年）にフェルマ (Fermat；1601〜1665) はその著，「平面と空間における軌跡の手びき」(Isagoge ad locos planos et solidos) で幾何学における軌跡問題を代数的に処理した．そこでカントルなどはフェルマこそ解析幾何学の創始者だといっているが，デカルトのような座標の導入はなく，ただ，最後の方程式に二つの未知量があらわれるなら一つの曲線をえ，そのもっとも簡単な例は直線であると記しているに過ぎない．

原点 さて上述のように直交する横軸（X軸）と縦軸（Y軸）の交点Oを**原点**といい，P
座標 点をあらわす数値の組 (x, y) をP点の**座標**と称する．このような座標系を**直交座標**
直交座標 またはデカルトの名をとって**カルテシアン座標** (Cartesian) ともいう．
カルテシアン ある方程式が与えられたとき，その方程式を満足させる点の全体からなる図形を
座標 その方程式の**軌跡**（きせき）といい，与えられた方程式は，その軌跡であるところ
軌跡 の図形をあらわすという．さて，この直交座標では図1・2に示すように平面は四つの部分に区分され，それぞれ反時計式方向に第1象限（しょうげん）（Ⅰ），第2象限（Ⅱ），第3象限（Ⅲ），第4象限（Ⅳ）と名付ける．

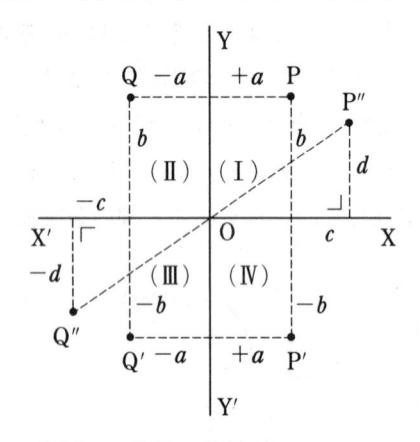

図1・2　直交座標

各象限での x 座標, y 座標の符号は

	Ⅰ	Ⅱ	Ⅲ	Ⅳ
x 座標	+	−	−	+
y 座標	+	+	−	−

となる．なお，一般に y (x) 座標が等しく，x (y) 座標の符号のみ異り，絶対値の等しい2点は Y (X) 軸に関し対称になる．例えば前図で $P(a, b)$ 点と $Q(-a, b)$ 点および $P'(a, -b)$ 点と $Q'(-a, -b)$ 点は Y 軸に関し対称であり，$P(a, b)$ 点と $P'(a, -b)$ 点および $Q(-a, b)$ 点と $Q'(-a, -b)$ 点は X 軸に関して対称である．

また，それぞれの座標の絶対値が等しく符号の異なる点は原点に関し対称であって，例えば，前図の $P''(c, d)$ 点と $Q''(-c, -d)$ 点および $P(a, b)$ 点と $Q'(-a, -b)$ 点，さらに $Q(-a, b)$ 点と $P'(a, -b)$ 点はそれぞれ原点Oに対して対称である．このような対称点を結んだ図形はX, Y軸または原点に関して対称な図形になる．

斜交座標　ところで，この座標系の縦軸は必ずしも横軸と直角である必要はなく，任意の角度 θ をもって傾いていても座標系として用いることができる．これを**斜交座標**といっている．この場合，**図1·3**に示すように任意のP点の座標 x および y の大きさはX軸，Y軸にそれぞれ平行な線分長をとる．これを直交座標に換算して (x', y') だとすると，

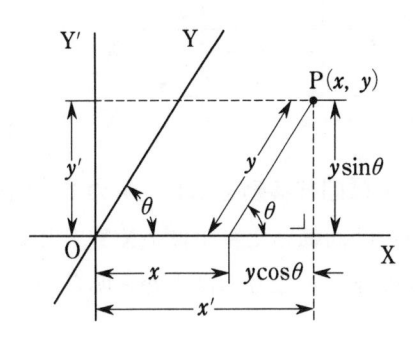

図1·3　斜交座標

図上から明らかに分るように，

$$x' = x + y\cos\theta, \quad y' = y\sin\theta \tag{1·1}$$

または逆に， $x = x' - y'\cot\theta, \quad y = y'\csc\theta \tag{1·2}$

となる．または，**図1·4**のようにP点の座標を示すのに，原点（極ともいう）Oとその点を通る半直線OXを**基線**（極線とも原線ともいう）として，原点とP点を結ぶ線分長を動径 ρ とし，この動径が反時計方向に基線から回転した角を $+\theta$ とすると ρ と θ で示すことができる．

基線

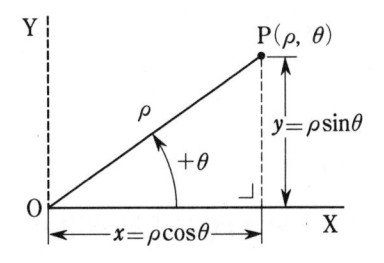

図1·4　極座標

偏角　ただし，この θ を**偏角**（へんかく）といい時計式方向に回転したときは負値 $-\theta$ と

極座標　する．このような表わし方を**極座標**といい，極座標であらわされた $P(\rho, \theta)$ 点を直交座標に換算すると，図上から明らかなように次のようになる．

$$x = \rho\cos\theta, \quad y = \rho\sin\theta$$

または逆に

$$\rho = \sqrt{x^2 + y^2}, \quad \theta = \arctan\frac{y}{x} \tag{1·3}$$

さて，これらの座標系によってあらわされた方程式を簡単化するために座標系を

平行移動　移動させることがある．この移動には平行移動と回転移動があって，**図1·5**は**平行移動**を示す．すなわち，旧座標系XYに対して図のように a, b だけ移動した新座標系 X', Y' をとると，旧座標系での $P(x, y)$ 点は新座標系によると $P(x', y')$ になり，図上から明らかに理解されるように，

$$x' = x - a, \quad y' = y - b$$

または逆に $\quad x = x' + a, \quad y = y' + b \tag{1·4}$

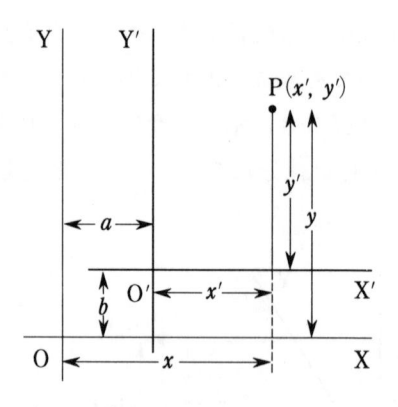

図 1·5 　平行移動

回転移動　となる．また，**図1·6**は**回転移動**を示したもので，旧座標系XYに対して図のように反時計式方向に角θだけ回転した新座標系X'Y'をとると，旧座標でP(x, y)の点は新座標によるとP(x', y')になり，図上から明らかなように，

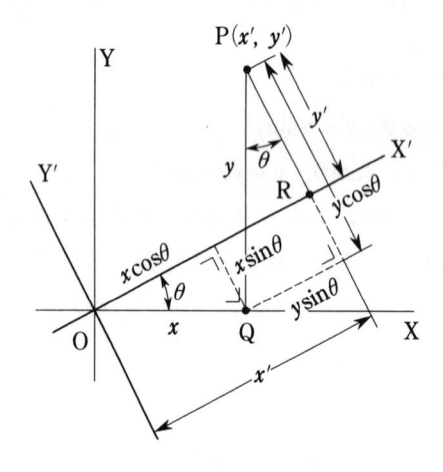

図 1·6　回転移動

$$\left.\begin{array}{l} x' = x\cos\theta + y\sin\theta \\ y' = -x\sin\theta + y\cos\theta \end{array}\right\} \tag{1·5}$$

となる．また，R点からX軸とPQに垂線を引いて考えると明らかなように

$$\left.\begin{array}{l} x = x'\cos\theta + y'\sin\theta \\ y = x'\sin\theta + y'\cos\theta \end{array}\right\} \tag{1·6}$$

という関係も成り立つ．

次に任意の2点間の距離を求めてみよう．2点P(x_1, y_1), Q(x_2, y_2)が図1·7の(a)のように直交座標によってあらわされているとき，2点P, Q間の距離Dは図上から明かなように

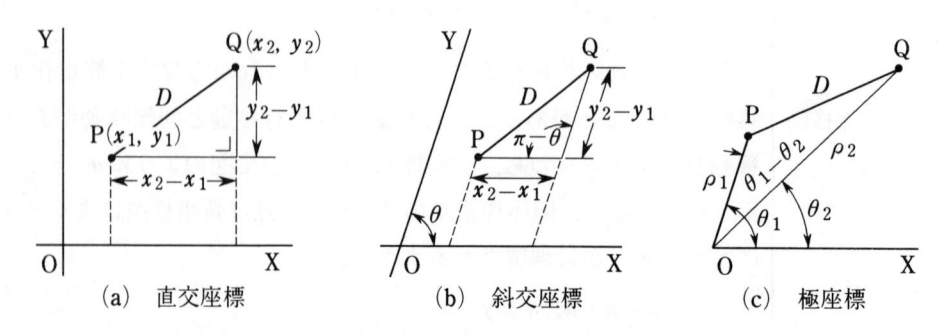

(a) 直交座標　　(b) 斜交座標　　(c) 極座標

図 1·7　各座標系での2点間の距離

$$D = \sqrt{(x_2-x_1)^2+(y_2-y_1)^2} \tag{1·7}$$

となる．また，(b) 図のように傾角 θ の斜交座標によって2点が与えられたときは，

$$D = \sqrt{(x_2-x_1)^2+(y_2-y_1)^2-2(x_2-x_1)(y_2-y_1)\cos(\pi-\theta)}$$
$$= \sqrt{(x_2-x_1)^2+(y_2-y_1)^2+2(x_2-x_1)(y_2-y_1)\cos\theta} \tag{1·8}$$

になる．なお，(c) 図のように極座標によって P (ρ_1, θ_1) 点と Q (ρ_2, θ_2) 点が与えられたときは

$$D = \sqrt{\rho_1^2+\rho_2^2-2\rho_1\rho_2\cos(\theta_1-\theta_2)} \tag{1·9}$$

になる．

図1·8の任意の三角形 ABC ── 一般にそれぞれの内角を頂点の記号であらわしA，B，C としたとき，それらの角に向いあう辺の長さを図のように a, b, c と記する ── において，AからBCに垂線AHを引くと

$$b^2 = AH^2 + HC^2 = AH^2 + (BC-BH)^2$$
$$= (c\sin B)^2 + (a-c\cos B)^2 = a^2+c^2-2ac\cos B$$

第2余弦法則 これを**第2余弦法則**といい，しばしば利用する．

なお，$\cos(180°-\theta) = -\cos\theta$ になる．

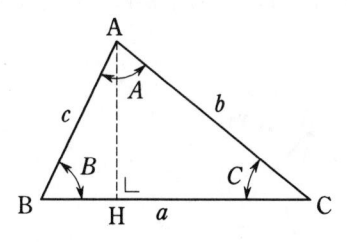

図1·8　第2余弦法則

次に，この P (x_1, y_1) 点と Q (x_2, y_2) 点を結ぶ直線PQを $m:n$ の比に内分するR点の座標 (x, y) を求めてみる．すなわち，図1·9で PR：RQ $= m:n$ とすると，図において△PQTと△PRSは相似形（△PQT∽△PRS）になり対応辺 ── 等しい角に対する辺 ── は互に比例するので，次の関係がえられる．

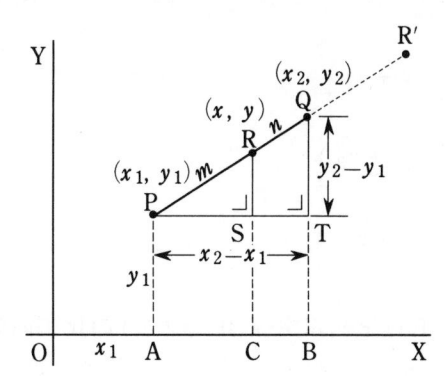

図1·9　内分点の座標

$$\frac{PR}{PQ} = \frac{PS}{PT}$$

$$PS = PT \times \frac{PR}{PQ} = (x_2-x_1) \times \frac{m}{m+n}$$

$$\frac{PR}{PQ} = \frac{RS}{QT}$$

$$RS = QT \times \frac{PR}{PQ} = (y_2 - y_1) \times \frac{m}{m+n}$$

従って，R点の座標 x, y は

$$x = OC = OA + AC = OA + PS = x_1 + \frac{m(x_2 - x_1)}{m+n} = \frac{nx_1 + mx_2}{m+n}$$

$$y = RC = SC + RS = y_1 + \frac{m(y_2 - y_1)}{m+n} = \frac{ny_1 + my_2}{m+n} \tag{1・10}$$

同様にして，PQ を $m:n$ の比に外分する点 R′ ── PR′：QR′ $= m:n$ ── の座標を求めると

$$x = \frac{mx_2 - nx_1}{m-n}, \quad y = \frac{my_2 - ny_1}{m-n} \tag{1・11}$$

となる．

　ここで以上でえた結果を利用して三角形の重心を求めてみよう．任意の三角形において頂点と対辺の中点（等分点）を結ぶ直線を中線といい，このような中線は三つの頂点から3本引くことができるが，この3本の中線は1点Gにおいて交わり，G点は各中線を2：1に内分している．このG点をその**三角形の重心**という．さて，図1・10において△ABCの各頂点の座標を (x_1, y_1), (x_2, y_2), (x_3, y_3) とすると，各辺 AC, BC, AB の中点 E, D, F の座標は，前記で $m:n = 1:1$ とおいて求められるので，

三角形の重心

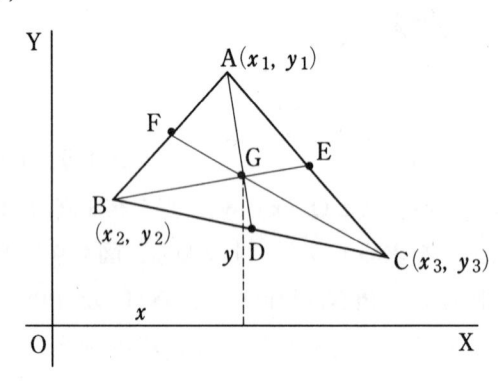

図1・10　三角形の重心

$$E\left(\frac{x_1 + x_3}{2}, \frac{y_1 + y_3}{2}\right)$$

$$D\left(\frac{x_2 + x_3}{2}, \frac{y_2 + y_3}{2}\right)$$

$$F\left(\frac{x_1 + x_2}{2}, \frac{y_1 + y_2}{2}\right)$$

となる．次にB点とE点を結ぶ中線BEを2：1の比に内分するG点の座標は上記で $m:n = 2:1$ とおけばよく

$$x = \frac{1 \times x_2 + 2 \times \frac{x_1 + x_3}{2}}{2+1} = \frac{x_1 + x_2 + x_3}{3}$$

$$y = \frac{1 \times y_2 + 2 \times \frac{y_1 + y_3}{2}}{2+1} = \frac{y_1 + y_2 + y_3}{3}$$

となり，同様に中線ADを $m:n = 2:1$ に内分する点の座標は

1 解析幾何学の発端

$$x = \frac{1 \times x_1 + 2 \times \frac{x_2 + x_3}{2}}{2+1} = \frac{x_1 + x_2 + x_3}{3}$$

$$y = \frac{1 \times y_1 + 2 \times \frac{y_2 + y_3}{2}}{2+1} = \frac{y_1 + y_2 + y_3}{3}$$

になり，同じく中線CFを2：1の比に内分する点の座標 (x, y) も上記と同一値になるので，三つの中線を2：1の比に内分する点は1点G (x, y) になり，3中線はこの点で交わる．これが重心である．この証明は幾何学では技巧的な厄介なものであったが解析幾何学では上記のようにいとも軽妙に証明される．

この重心の性質を不平衡三相回路の解法に適用できる場合もある．例えば図1・11のように相等しい抵抗 R を星形結線にしたものに，不平衡三相電圧 $\dot{V}_1, \dot{V}_2, \dot{V}_3$ を加えたとき，中性点Nの電位は $\dot{V}_1, \dot{V}_2, \dot{V}_3$ がつくる三角形の重心にくる．まず，このことから証明しよう．

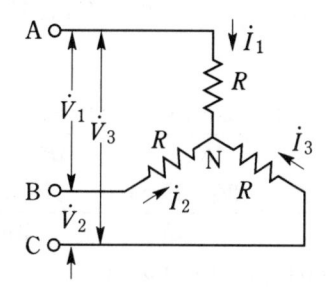

図1・11　不平衡三相電圧を印加

各相の R に流入する電流を $\dot{I}_1, \dot{I}_2, \dot{I}_3$ とすると，1点Nに集まる電流のベクトル和は0になり

$$\dot{I}_1 + \dot{I}_2 + \dot{I}_3 = 0$$

この両辺に R を乗じて移項すると

$$\dot{I}_2 R = -(\dot{I}_1 R + \dot{I}_3 R)$$

になる．そこで図1・12のようにB点を原点とし $\dot{V}_2$ に相当するBCをX軸上において $\dot{V}_1, \dot{V}_2, \dot{V}_3$ に対応する三角形ABCを作り，各辺の長さは $\dot{V}_1, \dot{V}_2, \dot{V}_3$ の絶対値 V_1, V_2, V_3 になり，V_2 に相当する長さでBCをとり，その両端から V_1 と V_3 に相当する半径で各円を画くと，その交点がAになる．

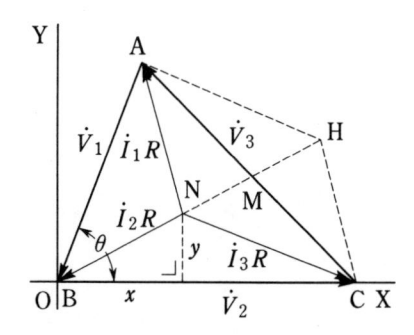

図1・12　線間電圧と相電圧

この三角形内に中性点の電位 V_N に相当するN点をとると，NA $= \dot{I}_1 R$, NB $= \dot{I}_2 R$, NC $= \dot{I}_3 R$ になる．

というのはA，B，C点の電位を $\dot{V}_A, \dot{V}_B, \dot{V}_C$ とするとNA $= V_A - V_N = I_1 R$, NB $= V_B - V_N = I_2 R$, NC $= V_C - V_N = I_3 R$ となるからで，NAとNCのベクトル和，従っ

て，この二つを 2 辺とする平行四辺形 ANCH を作ると，その対角線 AC と NH は互に他を 2 等分し，その交点 M は AC＝V_3 の中点にあり，しかも，NB(I_2R)＝－|NA(I_1R)＋NC(I_3R)|＝－NH になり BNH は一直線上にある．なお NM＝MH で NB＝NH＝2NM になるので NB：NM＝2：1 になり，N 点は明かに△ABC の重心になる．また B 点の座標は $(0, 0)$ であり，C 点は $(V_2, 0)$ になり，∠ABC＝θ とすると

$$V_3{}^2 = V_1{}^2 + V_2{}^2 - 2V_1V_2\cos\theta$$

となるので，

$$\cos\theta = \frac{V_3{}^2 - V_1{}^2 - V_2{}^2}{2V_1V_2}, \qquad \sin\theta = \sqrt{1 - \cos^2\theta}$$

になり，A 点の座標は $(V_1\cos\theta, V_1\sin\theta)$ ということになって，中性点（重心）N の座標は

$$x = \frac{V_1\cos\theta + V_2}{3}, \qquad y = \frac{V_1\sin\theta}{3}$$

となる．なお，各相の電流は図示のように $\dot{V}_2 = V_2$ と V_2 を基準ベクトルにとったので，N 点を原点に移して考えると

$$\dot{I}_2 = \frac{\mathrm{NB}}{R} = \frac{-x - jy}{R} = -\frac{V_1\cos\theta + V_2}{3R} - j\frac{V_1\sin\theta}{3R}$$

$$\dot{I}_3 = \frac{\mathrm{NC}}{R} = \frac{(V_2 - x) - jy}{R} = \frac{2V_2 - V_1\cos\theta}{3R} - j\frac{V_1\sin\theta}{3R}$$

$$\dot{I}_1 = \frac{\mathrm{NA}}{R} = \frac{-(x - V_1\cos\theta) + j(V_1\sin\theta - y)}{R} = -\frac{V_2 - 2V_1\cos\theta}{3R} + j\frac{2V_1\sin\theta}{3R}$$

ただし，これらの式を加え合わすと $\dot{I}_1 + \dot{I}_2 + \dot{I}_3 = 0$ となって正しいことが点検できる．というように全く機械的に算定できる．

2 解析幾何学の基礎知識

2・1 直線とその方程式

　直交軸に関し，X軸と角αをなし，Y軸とはR$(0, k)$点で交わる**図2・1**に示すような直線はどのような方程式であらわされるかを求めてみよう．この直線上に任意の2点P(x, y)とQ(x_1, y_1)をとると図上から明かなように，

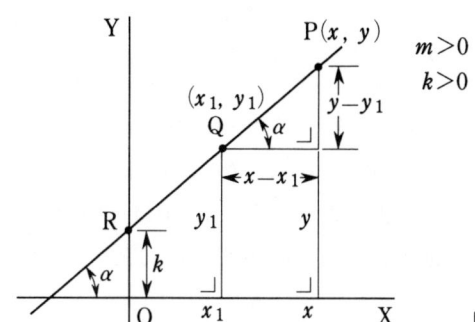

図2・1　直線の方程式

$$\frac{y-y_1}{x-x_1} = \tan\alpha = m, \quad y-y_1 = m(x-x_1)$$

ということになる．ここで$x_1 = 0$とするとQ点はR点にきて$y_1 = k$になる．これを上式に入れると

$$y - k = mx, \quad \therefore \quad y = mx + k \tag{2・1}$$

になり，これがこの直線をあらわす方程式になり，$m = \tan\alpha$ を意味し，このmを直線の**方向係数**または**勾配**（こうばい）といい，kは直線がY軸を切る点Rの原点Oからの長さで，このkをY軸上の**切片**（せっぺん）と称する．このように直線をあらわす方程式は1次方程式になる．また逆に，「**1次方程式は直線をあらわす**」ともいえる．この1次方程式の形が例えば

$$ax + by + c = 0, \quad と与えられると \quad y = -\frac{a}{b}x - \frac{c}{b} \tag{2・2}$$

になるので$-a/b = m$，$-c/b = k$とおくと前式に置換できる．さて，**図2・1**では$m > 0$，$k > 0$の場合であったが，$m > 0$，$k = 0$のときは$y = mx$になって図2・2の①に示すような原点Oを通る直線になり，$m > 0$，$k < 0$だと②のような直線になる．次に$m < 0$，$k > 0$の場合は③のようになるが，この場合の両軸上の切片をa, bとすると，

$$\tan(180° - \alpha) = -\tan\alpha = -m = \frac{b}{a}$$

$$m = -\frac{b}{a}$$

また，$k=b$ になるので $\quad y=-\dfrac{b}{a}x+b$

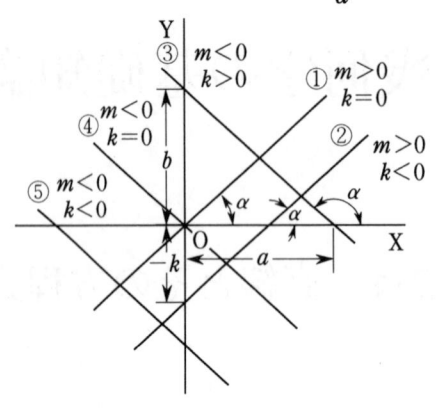

図2·2 各種の直線の方程式

という形になる．あるいは $y=mx+k$ の式で $x=0$ とおくと $y=b$ となり，$b=k$ になる．さらに，$y=0$ とおくと $x=a$ で $0=ma+k$，$m=-k/a=-b/a$ としてもよい．なお，この形は移項して

$$\dfrac{b}{a}x+y=b \quad \text{より} \quad \dfrac{x}{a}+\dfrac{y}{b}=1 \tag{2·3}$$

と書くこともできる．さらに $m<0$，$k=0$ だと④のような原点を通る直線に，$m<0$，$k<0$ だと⑤のような直線になる．なお，特殊な場合として $y=\pm b$ はX軸と平行でこれと距離が b である直線をあらわし，$y=0$ はX軸をあらわす．また，$x=\pm a$ はY軸と平行でこれと距離が a である直線をあらわし，$x=0$ はY軸をあらわすことになる．

次に直線を決定するために必要にして十分な条件が与えられたとき，その条件に応ずる直線の方程式がどのような形をとるかを考えてみよう．

(1) 1点 $P(x_1, y_1)$ と勾配 m の与えられたとき

この場合は図2·3のように直線上の1点Pと勾配 m が分っているのだから，作図的にはP点からX軸に平行な直線PTを引き，これと角 α すなわち $\angle QPT = \alpha = \arctan m$ になるような直線QPを引くと，これが求める直線になる．

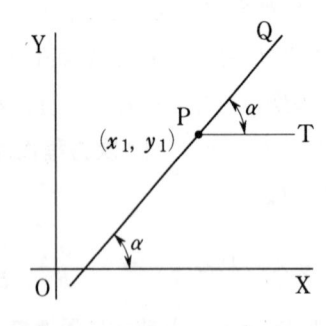

図2·3 条件；(x_1, y_1) と m

また，$y=mx+k$ の直線の方程式で $x=x_1$ のとき $y=y_1$ となるので，$y_1=mx_1+k$，$k=y_1-mx_1$，故に

$$y=mx+y_1-mx_1, \quad \text{または} \quad y-y_1=m(x-x_1) \tag{2·4}$$

というようになる．なお勾配 m と切片の与えられた場合もこれに属する．

例えばY軸上の切片が k ということは $(0, k)$ なる点と m が与えられたのと同一で，

$$y=mx+k \quad \because \quad x_1=0 \text{ で } y_1=k \tag{2·5}$$

となる．

直線の方程式

(2) 2点 P (x_1, y_1), Q (x_2, y_2) が与えられたとき

作図的にはこの2点を結ぶ直線を引けばそれでよいわけであるが数式的には次の2元1次連立方程式から m と k を求めることになる．

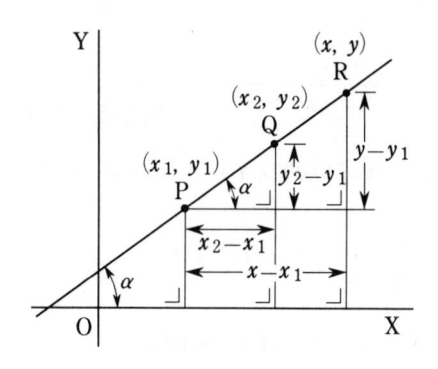

図2·4 条件；(x_1, y_1) と (x_2, y_2)

$$mx_1 + k = y_1$$
$$mx_2 + k = y_2$$

$$m = \frac{\begin{vmatrix} y_1 & 1 \\ y_2 & 1 \end{vmatrix}}{\begin{vmatrix} x_1 & 1 \\ x_2 & 1 \end{vmatrix}} = \frac{y_1 - y_2}{x_1 - x_2} = \frac{y_2 - y_1}{x_2 - x_1}$$

$$k = \frac{\begin{vmatrix} y_1 & x_1 \\ y_2 & x_2 \end{vmatrix}}{\begin{vmatrix} 1 & x_1 \\ 1 & x_2 \end{vmatrix}} = \frac{y_1 x_2 - x_1 y_2}{x_2 - x_1}$$

ゆえに求める直線の式は
$$y = mx + k = \frac{y_2 - y_1}{x_2 - x_1} x + \frac{y_1 x_2 - x_1 y_2}{x_2 - x_1} \tag{2·6}$$

となる．m の値は図2·4を見ても自から明らかである．また，この直線上でR (x, y) 点をとると図上から分かるように

$$\frac{y - y_1}{x - x_1} = \frac{y_2 - y_1}{x_2 - x_1} \text{より，} \quad (y - y_1)(x_2 - x_1) = (y_2 - y_1)(x - x_1) \tag{2·7}$$

というようにも書ける，この関係式は上式からも導出できる．

なお，X, Y軸上の切片 a, b が与えられたときもこの場合に属し，結局は $(a, 0)$, $(0, b)$ の2点を通る直線になるので，$(2·6)$ 式で $x_1 = a$, $y_1 = 0$, $x_2 = 0$, $y_2 = b$ とおくと

$$y = \frac{b}{-a} x + \frac{-ab}{-a} = -\frac{b}{a} x + b \quad \text{または} \quad \frac{x}{a} + \frac{y}{b} = 1$$

として既述したこの場合の直線方程式が求められる．

(3) 直線への垂線の長さとその傾角の与えられたとき

図2·5のように直線への垂線ORの長さ ρ とこれとX軸とのなす角 θ の与えられたとき，X, Y軸上の直線の切片を a, b とすると，図上から明らかなように

$$b \sin \theta = \rho, \quad b = \frac{\rho}{\sin \theta}, \quad a \cos \theta = \rho, \quad a = \frac{\rho}{\cos \theta}$$

2 解析幾何学の基礎知識

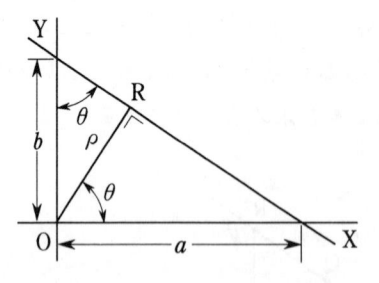

図2・5 条件；垂線と傾角

── ORに直角な直線とX軸に直角なY軸のなす角は，ORとX軸のなす角θに等しい ──

この関係を前式の $\dfrac{x}{a}+\dfrac{y}{b}=1$ に代入すると

$$\frac{x}{\dfrac{\rho}{\cos\theta}}+\frac{y}{\dfrac{\rho}{\sin\theta}}=1 \quad \therefore \quad x\cos\theta+y\sin\theta=\rho \tag{2・8}$$

ヘッセの標準形 これがρ，θを与えたときの直線の方程式で，これを**ヘッセの標準形**（Hesse's normal form）という．

次に2直線間の関係について考えてみる．いま，二つの直線 $y=m_1x+k_1$ と $y=m_2x+k_2$ が1点Pで交わるとすると，図2・6に図示したように，この交点Pでは同じxの値に対しyは相等しい．ということは，この二つの方程式を同時に満足させるxの値を求めると，これに対応するyの値によって交点Pの座標が(x, y)と与えられる．従って2直線が交わるとき，その交点は2直線の方程式を連立方程式として解いたときの根によって与えられる．

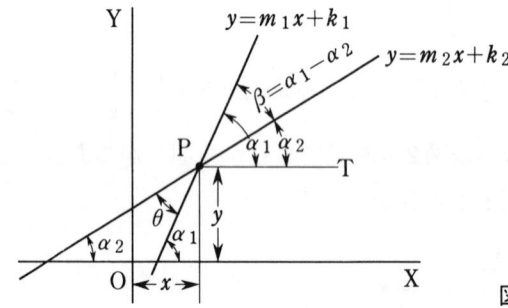

図2・6 2直線の交点

$m_1x - y = -k_1$
$m_2x - y = -k_2$

$$x=\frac{\begin{vmatrix}-k_1 & 1\\-k_2 & 1\end{vmatrix}}{\begin{vmatrix}m_1 & 1\\m_2 & 1\end{vmatrix}}=\frac{k_2-k_1}{m_1-m_2}, \quad \text{ただし} \quad m_1 \neq m_2 \tag{2・9}$$

このxの値を両方程式に代入するとyの値はいずれも

$$y=\frac{m_1k_2-m_2k_1}{m_1-m_2} \quad \text{または} \quad y=\frac{\begin{vmatrix}-k_1 & m_1\\-k_2 & m_2\end{vmatrix}}{\begin{vmatrix}-1 & m_1\\-1 & m_2\end{vmatrix}} \tag{2・10}$$

となって等しく，両直線はこの点で交わる．

なお，この2直線が $a_1x+b_1y+c_1=0$，$a_2x+b_2y+c_2=0$ という形で与えられたときの交点の座標 (x, y) は

―12―

2·1 直線とその方程式

$$x = \frac{b_1 c_2 - b_2 c_1}{a_1 b_2 - a_2 b_1}, \quad y = \frac{a_2 c_1 - a_1 c_2}{a_1 b_2 - a_2 b_1} \quad \text{ただし} \quad a_1 b_2 \neq a_2 b_1 \tag{2·11}$$

となる．

注 ① この2直線の交点を通る直線は λ, μ を定数として

$\lambda(a_1 x + b_1 y + c_1) + \mu(a_2 x + b_2 y + c_2) = 0$ になり

② 2直線をあらわす方程式は $(a_1 x + b_1 y + c_1)(a_2 x + b_2 y + c_2) = 0$ になる．

さらに，三つの直線が1点にて交わるための条件は，第3の直線が $y = m_3 x + k_3$ (または $a_3 x + b_3 y + c_3 = 0$) で与えられると，これに前の2直線の交点を与える x の値を代入すると y の値は前の y の値にならねばならないので，1点で交わるためには

$$m_3 \frac{k_2 - k_1}{m_1 - m_2} + k_3 = \frac{m_1 k_2 - m_2 k_1}{m_1 - m_2}$$

$$\therefore \quad m_1(k_2 - k_3) + m_2(k_3 - k_1) + m_3(k_1 - k_2) = 0$$

または，$a_1(b_2 c_3 - b_3 c_2) + b_1(c_2 a_3 - c_3 a_2) + c_1(a_2 b_3 - a_3 b_2) = 0$

あるいは，$\begin{vmatrix} m_1 & k_1 & 1 \\ m_2 & k_2 & 1 \\ m_3 & k_3 & 1 \end{vmatrix} = 0$, または $\begin{vmatrix} a_1 & b_1 & c_1 \\ a_2 & b_2 & c_2 \\ a_3 & b_3 & c_3 \end{vmatrix} = 0$ \tag{2·12}

なる条件を必要とする．

次に，前の図2·6で，この二つの直線の交角を β とすると，図から明らかなように $\beta = \alpha_1 - \alpha_2$，ただし，$\alpha_1 = \arctan m_1$, $\alpha_2 = \arctan m_2$ になる．従って

$$\tan \beta = \tan(\alpha_1 - \alpha_2) = \frac{\tan \alpha_1 - \tan \alpha_2}{1 + \tan \alpha_1 \tan \alpha_2} = \frac{m_1 - m_2}{1 + m_1 m_2} \tag{2·13}$$

となるので

両直線が平行 (1) 両直線が平行であるためには；

$\beta = 0$, $\tan \beta = 0$, すなわち $m_1 = m_2$ となること，ただし $k_1 \neq k_2$

これが $a_1 x + b_1 y + c_1 = 0$, $a_2 x + b_2 y + c_2 = 0$ と与えられたときは，

$$y = -\frac{a_1}{b_1} x - \frac{c_1}{b_1}, \quad y = -\frac{a_2}{b_2} x - \frac{c_2}{b_2}$$

となるので $\dfrac{a_1}{b_1} = \dfrac{a_2}{b_2}, \quad \dfrac{a_1}{a_2} = \dfrac{b_1}{b_2} \neq \dfrac{c_1}{c_2}$ \tag{2·14}

両直線が垂直 (2) 両直線が垂直であるためには；

$\beta = \pi/2$, $\tan \beta = \infty$, $1 + m_1 m_2 = 0$, $m_1 m_2 = -1$ \tag{2·15}

他の形だと，$\dfrac{a_1 a_2}{b_1 b_2} = -1 \quad \therefore \quad a_1 a_2 + b_1 b_2 = 0$ となる．

両直線が一致 (3) 両直線が一致するためには；

$m_1 = m_2$ および $k_1 = k_2$ または $\dfrac{a_1}{a_2} = \dfrac{b_1}{b_2} = \dfrac{c_1}{c_2}$ \tag{2·16}

次にある直線 $y = mx + k$ について，外の1点 $P(x, y)$ から，この直線までの距離を求めてみよう．

図2·7に示すように1点Pから直線までの距離というのは，その点から直線に引いた垂線PRの長さ r になる．まず，与えられた直線 $y = mx + k$ に垂直な直線の方程式

を $y = m'x + k'$ とすると,前述の (2) から $mm' = -1$, $m' = -1/m$ となり,この直線はP点 (x_1, y_1) を通るので,$y_1 = (-1/m)x_1 + k'$ になり,$k' = y_1 + (1/m)x_1$,そこでP点を通り与えられた直線に直角な直線PRは $y = -(1/m)x + y_1 + (1/m)x_1$,——— $y - y_1 = (-1/m)(x - x_1)$ ——— になる.

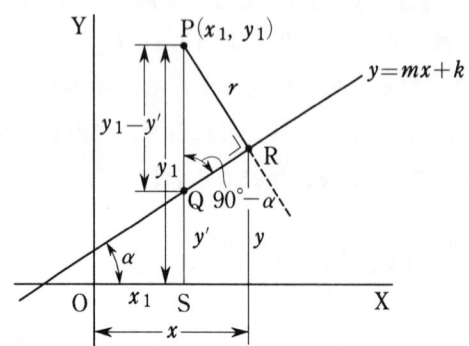

図2·7 1点と直線の距離

すなわち,

与えられた直線 $y = mx + k$, その垂直線 $y = -\dfrac{1}{m}x + y_1 + \dfrac{x_1}{m}$ (2·17)

従って,この2直線の交点Rの座標は,この二つの連立方程式の根になり

$$x = \frac{\begin{vmatrix} k & 1 \\ \dfrac{x_1}{m} + y_1 & 1 \end{vmatrix}}{\begin{vmatrix} -m & 1 \\ \dfrac{1}{m} & 1 \end{vmatrix}} = \frac{x_1 + my_1 - mk}{1 + m^2}, \quad 同様にして \quad y = \frac{mx_1 + m^2 y_1 + k}{1 + m^2} \quad (2·18)$$

ゆえに,P (x_1, y_1) とR (x, y) 2点間の距離 r は既述したように

$$r = \sqrt{(x - x_1)^2 + (y - y_1)^2}$$
$$= \sqrt{\left(\frac{x_1 + my_1 - mk}{1 + m^2} - x_1\right)^2 + \left(\frac{mx_1 + my_1 + k}{1 + m^2} - y_1\right)^2}$$
$$= \sqrt{\frac{(mx_1 - y_1 + k)^2}{(1 + m^2)^2}(1 + m^2)} = \frac{mx_1 - y_1 + k}{\sqrt{1 + m^2}} \quad (2·19)$$

さらに簡単には前図でPからX軸に垂線PSを引き直線との交点をQとすると,QSは直線の式の x に x_1 を入れた $QS = y' = mx_1 + k$ になり,PSは y_1 であるから,

$$PQ = y_1 - y' = y_1 - mx_1 - k \text{ になる.}$$

直角三角形PQRについて考えると

$$r = PR = PQ\sin(90° - \alpha) = PQ\cos\alpha = PQ\frac{1}{\sqrt{1 + \tan^2\alpha}} = \frac{mx_1 - y_1 + k}{\sqrt{1 + m^2}}$$

となる.また,直線が $ax + by + c = 0$ の形で与えられたときは $m = -a/b$, $k = -c/b$ とおくと,r は次式のようになる.

$$r = \frac{ax_1 + by_1 + c}{\sqrt{a^2 + b^2}} \quad (2·20)$$

巻線抵抗
巻線の平均温度上昇

上述した方程式が直線となる場合の1例をあげると,電気機器の巻線抵抗はその温度上昇に比例して増大するので,逆に巻線抵抗の増加を測定して巻線の温度上昇を算定することができる.この場合,巻線の平均温度上昇 t 〔℃〕を与える式は

$$t = t_2 - t_a = \left(\frac{R_2}{R_1} - 1\right)(T + t_1) + (t_1 - t_a) \tag{2·21}$$

ただし，R_2：熱状態（温度t_2）における巻線抵抗
　　　　R_1：冷状態（温度t_1）における巻線抵抗
　　　　t_2：試験直後における巻線温度〔℃〕
　　　　t_1：冷状態においてR_1を測定したときの温度〔℃〕
　　　　t_a：試験の最後における基準周囲温度〔℃〕
　　　　T ：定数，銅に対し234.5，アルミニウムに対し230.0

　この式でtをy，R_2/R_1をxと考えると明かに1次方程式であって，tとR_2/R_1の関係は直線であらわされる．

　いま，巻線を銅線とし，$t_1 = t_a = 20$℃とおくと

$$t = 254.5\left(\frac{R_2}{R_1} - 1\right) \tag{2·22}$$

となり，この直線を画くには**図2·8**に示したように，$R_2/R_1 = 1$とすると$t = 0$になり原点Oとなる．また，$R_2/R_1 = 1.4$とすると$t = 101.8$℃となるので，この2点を結ぶ直線を引くと，他の場合は自から与えられる．このように，図表の活用は日常業務の遂行に有益である．

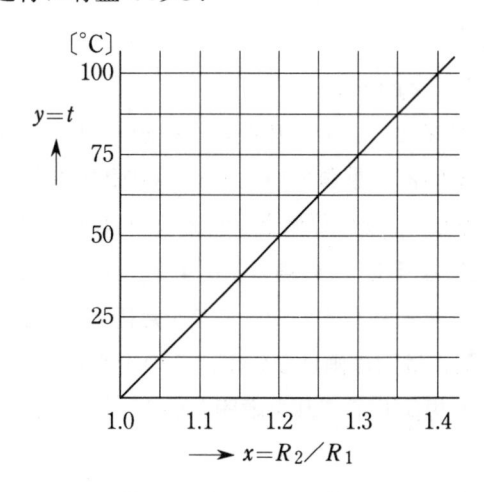

図2·8　抵抗と温度の関係

2·2　円とその方程式

　直交座標に関し**図2·9**に図示したように，半径rの円があるとき，その中心Cの座標を(a, b)とすると，円周上の任意の1点P(x, y)をとったとき，図上から明らかなように，

$$(x - a)^2 + (y - b)^2 = r^2 \tag{2·23}$$

円の方程式　の関係が成立する．このことは円周上のことごとくの点で成立し，円周外のどのような点でも成立しないので，これが円の方程式になる．もっとも原点を円の中心に一致するように，直交軸を(a, b)だけ平行移動させると円の方程式は$X^2 + Y^2 = r^2$．ただし，$X = x - a$，$Y = y - b$というように簡単化される．

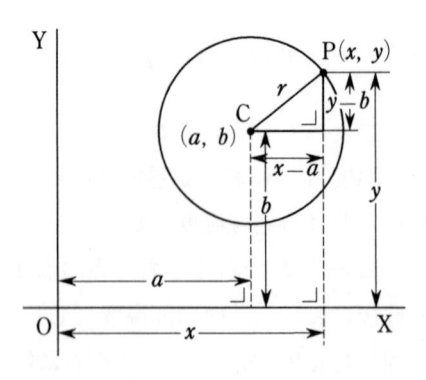

図2·9 円の方程式

一般に x, y の2次方程式で x^2 と y^2 の項の係数が相等しく，xy の項のないものは円をあらわす．たとえば，

$$Ax^2 + Ay^2 + Bx + Cy + D = 0$$

は，この方程式の両辺をAで除して，それぞれx, yの項について平方の形にすると

$$\left(x+\frac{B}{2A}\right)^2 + \left(y+\frac{C}{2A}\right)^2 + \frac{D}{A} - \left(\frac{B}{2A}\right)^2 - \left(\frac{C}{2A}\right)^2 = 0$$

$$(x+f)^2 + (y+g)^2 = f^2 + g^2 - c$$

ただし，$f=\dfrac{B}{2A}$, $\dfrac{B}{A}=2f$, $g=\dfrac{C}{2A}$, $\dfrac{C}{A}=2g$, $\dfrac{D}{A}=c$

したがって，前式は

$$x^2 + y^2 + 2fx + 2gy + c = 0$$

となり $f^2+g^2>c$ とすると，上式は中心の座標が $(-f, -g)$ で半径が $\sqrt{f^2+g^2-c}$ である円をあらわしている．重ねていうとxとyの2次方程式でxyの項をふくまず，x^2 と y^2 の係数が相等しく，xの係数とyの係数の自乗の和が定数項より大きいと，「この2次方程式は円になる」．この場合，$f^2+g^2=c$ になると半径は無限小になり，実は1点 $(-f, -g)$ をあらわすので，これを**点円**といい，$f^2+g^2<c$ であると半径が虚数になって実際には円は画けないが，その中心点 $(-f, -g)$ に虚数を半径とした円があるものと想像してこれを**虚円**という ── 虚円に対して半径が実数の円を**実円**とも称する ──．

点円
虚円
実円
アポロニウスの円

次に，上記で述べたことの応用の1例として有名な**アポロニウス**（Apollonius）の**円** ── 二つの定点から距離の比の一定な点の軌跡は，この2定点を結ぶ線分をこの定比に内分，外分する点を直径の両端とする円である ── をとりあげて考えてみよう．

図2·10において一方の定点Aを直交軸の原点におき，他の定点BをX軸上におき両点間の長さをlとし，この線分AB外に任意の1点P (x, y) をとり

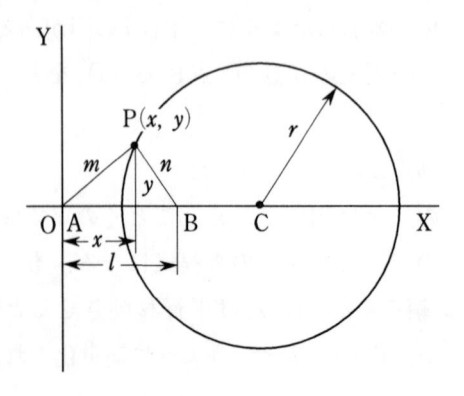

図2·10 アポロニウスの円

2·2 円とその方程式

$$\text{AP}:\text{BP}=m:n\ (\text{定比})$$

とすると，図上から明らかなように，

$$\frac{n}{m}=\frac{\text{BP}}{\text{AP}}=\frac{\sqrt{(l-x)^2+y^2}}{\sqrt{x^2+y^2}}$$

$$n\sqrt{x^2+y^2}=m\sqrt{(l-x)^2+y^2}$$

になる．
この両辺を2乗して整理すると

$$(m^2-n^2)x^2+(m^2-n^2)y^2-2lm^2x+m^2l^2=0$$

となり，x^2, y^2 の項の係数は相等しく，xy の項はないから，この x, y の2次方程式は円をあらわす．すなわち

$$\left(x-\frac{lm^2}{m^2-n^2}\right)^2+y^2=\left(\frac{lm^2}{m^2-n^2}\right)^2-\frac{m^2l^2}{m^2-n^2}=\left\{\frac{mnl}{(m^2-n^2)}\right\}^2$$

ゆえに，その軌跡は中心Cが $\left(\dfrac{lm^2}{m^2-n^2},\ 0\right)$ であり，半径が $r=\dfrac{mnl}{m^2-n^2}$ である円となる．この円とX軸の交点は，上式で $y=0$ とおいて求めればよく，

$$x-\frac{lm^2}{m^2-n^2}=\pm\frac{mnl}{m^2-n^2},\quad \therefore\ x=\frac{lm(m\pm n)}{m^2-n^2}=\frac{lm(m\pm n)}{(m+n)(m-n)}$$

となるので，円はX軸と $\left(\dfrac{lm}{m+n},\ 0\right)$ および $\left(\dfrac{lm}{m-n},\ 0\right)$ の2点で交わり，これはABを $m:n$ の比に内分および外分する点で円の直径の両端に位置している．

―― 図2·10は $m:n=3:2$, $l=3$ として画いた ――

さて，与えられた中心Cの座標が (a, b) で半径が r である図2·11のような円の円周上の任意の点 $P(x_1, y_1)$ における円の接線の式を求めてみよう．

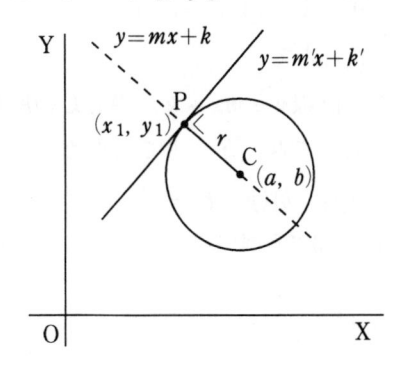

円の接線

図2·11 円の接線の式

この P と C を結んだ $PC=r$ であり，接線はこの PC 線に直角である．まず，PC 線の方程式であるが，これは2点 $C(a, b)$ と $P(x_1, y_1)$ を通る直線の方程式として既に求めたように

$$y=mx+k=\frac{y_1-b}{x_1-a}x+\frac{bx_1-ay_1}{x_1-a}$$

となる．これと直角な接線の方程式を $y=m'x+k'$ とおくと，両者が直角であるための条件は既述したように

$$m'=-\frac{1}{m}=-\frac{x_1-a}{y_1-b}$$

また，接線はP (x_1, y_1) を通るので

$$y_1 = m'x_1 + k' = -\frac{x_1-a}{y_1-b}x_1 + k', \quad k' = y_1 + \frac{x_1-a}{y_1-b}x_1$$

従って接線の方程式は

$$y = -\frac{x_1-a}{y_1-b}x + y_1 + \frac{(x_1-a)x_1}{y_1-b}$$

$$y(y_1-b) = -(x_1-a)x + y_1(y_1-b) + (x_1-a)x_1$$
$$= -(x_1-a)(x-x_1) + y_1(y_1-b)$$

$$(x_1-a)(x-x_1) + (y_1-b)(y-y_1) = 0$$

このP点は円周上の点だから$(x_1-a)^2 + (y_1-b)^2 = r^2$になる．この両辺を上式の両辺に加えると

$$(x_1-a)(x-x_1+x_1-a) + (y_1-b)(y-y_1+y_1-b) = r^2$$

$$\therefore \quad (x_1-a)(x-a) + (y_1-b)(y-b) = r^2 \tag{2・24}$$

これが接線の方程式になる．円の中心Cが原点 $(0, 0)$ にあるときは，上式で$a=0$, $b=0$になり，この場合の接線の方程式は

$$x_1 x + y_1 y = r^2$$

となる．なお，曲線上の1点を通って，この点における接線に直角な直線をこの点における**曲線の法線**というが，この場合はP点における法線はPC線になるので$y = mx + k$は法線の方程式で

曲線の法線

$$y(x_1-a) = (y_1-b)x - ay_1 + bx_1$$
$$\therefore \quad (y_1-b)x - (x_1-a)y = ay_1 - bx_1$$

または，$(y_1-b)x - (x_1-a)y - ay_1 + bx_1 + ab - ab = 0$

$$(y_1-b)x - (x_1-a)y - a(y_1-b)x + b(x_1-a) = 0$$

$$\therefore \quad (y_1-b)(x-a) - (x_1-a)(y-b) = 0 \tag{2・25}$$

法線の方程式

この何れもが法線の方程式になる．

円の接線

次に上述したことから，直線$y = mx + k$が中心Cの座標が(a, b)で半径がrである円の接線となる条件を求めてみよう．すでに求めたように円の接線の方程式は

$$(x_1-a)(x-a) + (y_1-b)(y-b) = r^2$$

であった．この両辺を(y_1-b)で除すると

$$\frac{x_1-a}{y_1-b}(x-a) + y - b = \frac{r^2}{y_1-b}$$

になる．

図2・12から明らかなように，PCは接線に直角であり，PRはX軸に直角だから∠CPRは，接線がX軸となす角αに等しく，∠CPR$=\alpha$，また，$\tan\alpha = m$に相当するので，

$$m = \tan\alpha = \frac{RC}{PR} = \frac{a-x_1}{y_1-b}$$

$$\frac{x_1-a}{y_1-b} = -\frac{a-x_1}{y_1-b} = -m$$

2·2 円とその方程式

また，$\dfrac{r^2}{y_1-b} = \dfrac{r}{y_1-b}r = \dfrac{PC}{PR}r = \dfrac{1}{\cos\alpha}r = r\sqrt{1+\tan^2\alpha} = r\sqrt{1+m^2}$

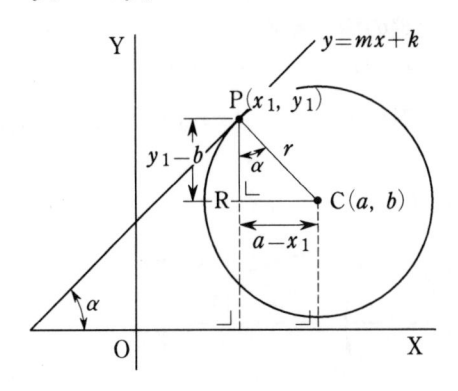

図2·12 接線になる条件

となり，上式は $-m(x-a)+y-b = r\sqrt{1+m^2}$ となり

$$y = mx - ma + b + r\sqrt{1+m^2}$$

これを $y = mx + k$ と比較すると，この直線が円の接線になるためには

$$k = -ma + b + r\sqrt{1+m^2}$$

$$\therefore \quad (ma-b+k)^2 = r^2(1+m^2) \tag{2·26}$$

とならねばならない．これが $y = mx + k$ が，中心 $C(a, b)$，半径 r の円の接線になる条件である．ただし，円の中心を原点に移した場合は $k^2 = r^2(1+m^2)$ になる．

さて，図2·13のように，中心 $C(a, b)$，半径 r の円の円外の1点 $P(x_0, y_0)$ からこの円に二つの接線 PA, PB を引き，A, B の座標を (m, n) および (p, q) とすると，前述からA点を通る接線は

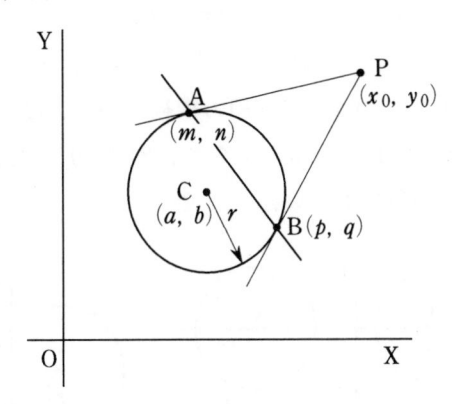

図2·13 円の極線と極

$$(m-a)(x-a) + (n-b)(y-b) = r^2$$

となるが，この接線はP点を通るので

$$(m-a)(x_0-a) + (n-b)(y_0-b) = r^2 \tag{1}$$

になる．また，B点を通る接線は

$$(p-a)(x-a) + (q-b)(y-b) = r^2$$

となるが，これもP点を通るので

$$(p-a)(x_0-a) + (q-b)(y_0-b) = r^2 \tag{2}$$

となる．ここで

$$(x_0-a)(x-a) + (y_0-b)(y-b) = r^2 \tag{2·27}$$

なる方程式を考えると，1次式だから直線になり，x を m とおくと(1)式から y は n にな

り，x を p とすると(2)式から y は q になるので，この方程式は円の二つの接点 A，B を通る直線 AB をあらわす．この直線 AB を円 $(x-a)^2+(y-b)^2=r^2$ に関する P 点の**極線**といい，P 点をこの**極線の極**と称する．

次に図 2·14 に図示したように原点 O を中心とした半径 r の円の外側の 1 点 P (x_0, y_0) から円に接線 PT を引いたとき，この接線の長さを求めてみよう．

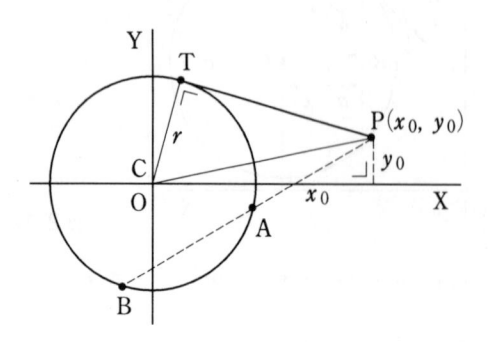

図 2·14 接線の長さ

△PCT は ∠PTC＝⌞R で直角三角形になるので図上から明らかなように

$$PT^2 = PC^2 - TC^2 = x_0^2 + y_0^2 - r^2$$

となる．この円の中心 C の座標が (a, b) であると

$$PT^2 = (x_0-a)^2 + (y_0-b)^2 - r^2$$

になる．なお，円と 2 点で交わる直線，たとえば，図の PAB を円の**割線**（かっせん）といい，PA・PB＝PT^2 の関係がある．

また，二つの円の方程式を

$$S_1 = x^2 + y^2 + 2g_1 x + 2f_1 y + c_1 = 0$$
$$S_2 = x^2 + y^2 + 2g_2 x + 2f_2 y + c_2 = 0$$

とすると $S_1 - S_2 = 2(g_1-g_2)x + 2(f_1-f_2)y + c_1-c_2 = 0$

になって，$g_1 = g_2$，$f_1 = f_2$（同心円）でないかぎり，これは直線をあらわし，$S_1=0$，$S_2=0$ の交点を通る．この直線を 2 円の**根軸**といい，図 2·15 に示すように，根軸上から 2 円に引いた接線の長さは等しいので，2 円に引いた接線の長さの等しい点の軌跡を根軸と称するといってもよい．

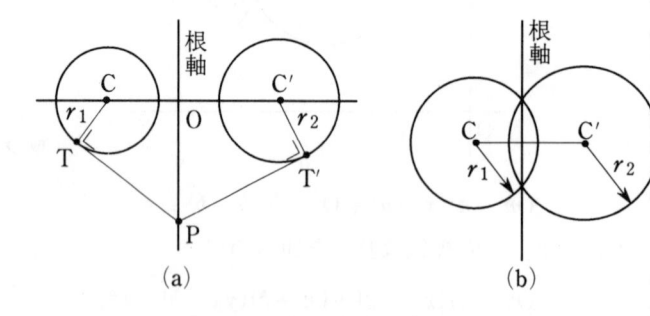

図 2·15 2 円の根軸

(a) 図で PT＝PT′ $r_1^2 - r_2^2 = OC^2 - OC'^2$ である．また，(b) 図のように 2 円が交わる場合は，その，交点を通る直線が根軸になる．

なお，2 円の方程式を $S_1=0$，$S_2=0$ とすると，k を任意の定数として $S_1+kS_2=0$ は一般に円をあらわす．これらの円を**共軸円**と称する．なお，上述した 2 次方程式が円になる実例は 4 で説明することにしよう．

2·3 楕円とその方程式

円板形のグローブを真下から見上げると円であるが側方から見ると横線の方向に長く，その直角方向に短い長円に見える．これが**楕円**であって長い方の軸を**長軸**，短い方の軸を**短軸**という．今，この短軸をY軸に，長軸をX軸とし原点Oをその中央にとると図2·16のようになる．

楕円
長軸
短軸

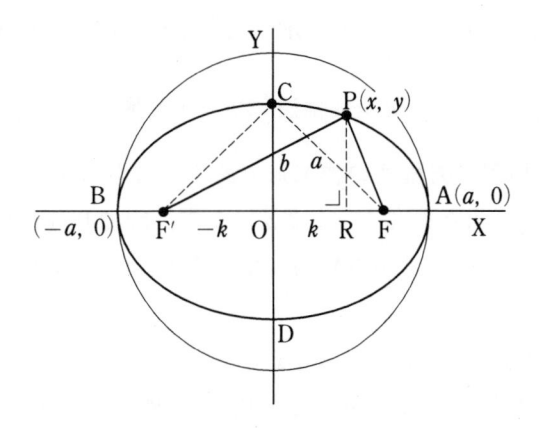

図2·16　楕円の画き方

楕円の焦点

この楕円を簡単に画くには長軸上に $OF = OF' = k$ の2点 F, F' をとり，長さ $2a$（ただし $a > k$）の糸の両端をFとF'で固定し，図のP点のところに鉛筆で糸を張りながらぐるっと1回転させるとえられる．このF, F' を**楕円の焦点**（しょうてん）といい，その座標は $(k, 0)$ $(-k, 0)$ であって，上述のように PF' と PF の和は糸の長さ $2a$ で一定であるから，

$$PF' + PF = 2a, \quad F'O = FO = k, \quad \text{ただし}, \quad 2a > 2k$$

図上から明かなように

$$PF' = \sqrt{(OR + OF')^2 + PR^2} = \sqrt{(x+k)^2 + y^2}$$

$$PF = \sqrt{RF^2 + PR^2} = \sqrt{(OF - OR)^2 + PR^2} = \sqrt{(x-k)^2 + y^2}$$

$$PF' + PF = \sqrt{(x+k)^2 + y^2} + \sqrt{(x-k)^2 + y^2} = 2a \tag{1}$$

この両辺に $\sqrt{(x+k)^2 + y^2} - \sqrt{(x-k)^2 + y^2}$ を乗ずると

$$\{(x+k)^2 + y^2\} - \{(x-k)^2 + y^2\} = 2a\{\sqrt{(x+k)^2 + y^2} - \sqrt{(x-k)^2 + y^2}\}$$

この左辺は $4kx$ になるので

$$\sqrt{(x+k)^2 + y^2} - \sqrt{(x-k)^2 + y^2} = \frac{2kx}{a} \tag{2}$$

この(1)式と(2)式の辺々を加えて2で除すると

$$\sqrt{(x+k)^2 + y^2} = a + \frac{kx}{a}$$

この両辺を2乗すると

$$x^2 + 2kx + k^2 + y^2 = a^2 + 2kx + \frac{k^2 x^2}{a^2}$$

$$\left(1-\frac{k^2}{a^2}\right)x^2+y^2=a^2-k^2$$

ただし，$a>k$

この両辺を (a^2-k^2) で除すると

$$\frac{x^2}{a^2}+\frac{y^2}{a^2-k^2}=1$$

ここで，P点がC点にきたときを考えると，図上から明らかなように直角三角形OFCにおいて $FC=F'C=a$，$FC^2-OF^2=a^2-k^2=OC^2=b^2$（$OC=OD=b$）となり

$$\frac{x^2}{a^2}+\frac{y^2}{b^2}=1 \qquad 2a=長軸長，2b=短軸長 \qquad (2\cdot 29)$$

楕円の方程式

となる．これが**楕円の方程式**の標準形である．もちろん，この式で $x=0$ とおくと $y=\pm b$ となり，$y=0$ とおくと $x=\pm a$ になる．図でP点がA点にきたとき，$2a=F'A+FA=2k+FA+FA$ より $FA=a-k$ になり，$OA=OF+FA=k+a-k=a$ になる．

さて，円の式の x' に対し楕円の式で x をとると $x=x'$ であって，x' に対応する円の y' に対し，楕円ではY軸上の長さが一定の比，（短軸長/長軸長）$=(b/a)$ に短縮されるので，$x=x'$ に対する楕円の y の値は $y=(b/a)y'$，すなわち，$y'=(a/b)y$ になり，大円では $x'^2+y'^2=a^2$ となり，これを楕円の x,y の関係に直すと上記から

$$x^2+\left(\frac{a}{b}y\right)^2=a^2, \quad より \quad \frac{x^2}{a^2}+\frac{y^2}{b^2}=1$$

として楕円の式を導くこともできる．

上記のことがらを**図2・17**について，さらに考えてみよう．図で長軸長 $2a$，短軸長 $2b$ を直径とする円を原点Oを中心として画き，大円上のQ点をとって原点Oと結び $\angle QOX=\theta$ とし，Q点よりX軸に下した垂線の足をSとして，$OS=x$ としたとき

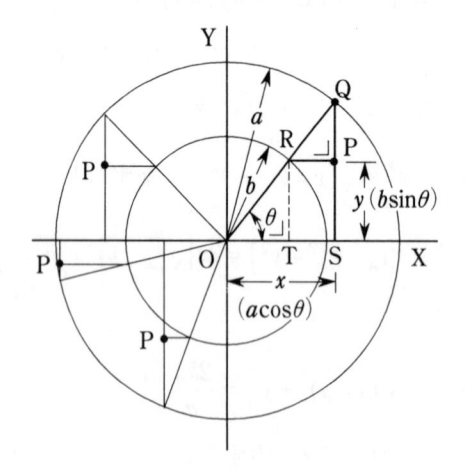

図2・17 楕円の作図法

$$x=OS=OQ\cos\theta=a\cos\theta$$

$$y=y'\times\frac{b}{a}=QS\times\frac{b}{a}=a\sin\theta\times\frac{b}{a}=b\sin\theta$$

となる．そこで，OQと小円の交点RからQSに垂線RPを引くと，

$$PS=RT=OR\sin\theta=b\sin\theta$$

となるので，このように大円上の任意の点にOQを引いて，Q点からX軸に垂線QS

2·3 楕円とその方程式

を引くと，OSはxになり，これに対応するyの値はOQと小円の交点RからQSに下した垂線の足P点に相当する．このようなP点を$\theta=0$から$\theta=\pi/2$まで求めると，第1象限における楕円がえられ，これを他の象限に移すと求める楕円の全体が画かれる．さて，図2·18に示すように，F，F'を楕円の焦点といい，$a^2-k^2=b^2$であったから

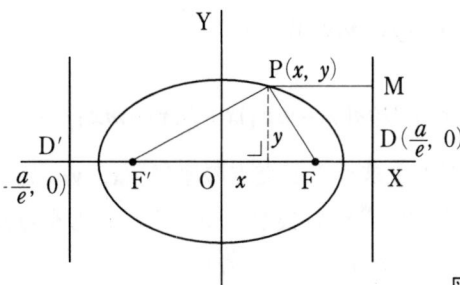

図2·18 楕円の離心率と準線

$$OF = OF' = k = \sqrt{a^2-b^2} \text{ になり，}$$

$$e = \frac{k}{a} = \frac{\sqrt{a^2-b^2}}{a} \quad (k=ae) \tag{2·30}$$

楕円の離心率 を楕円の離心率と称し，$b=a$で$e=0$となり，$b=0$で$e=1$となるので，$0<e<1$の関係にある．

また，X軸上に原点（中心）Oから(a/e)および$(-a/e)$の点にY軸と平行な**楕円の準線** 直線 —— この二つの直線を**楕円の準線**（じゅんせん）という —— を引くと，楕円上の任意の1点Pから，この準線に引いた垂線の足をMとすると

$$PM = OD - x = \frac{a}{e} - x = \frac{a-ex}{e}$$

となる．また，前に求めたように$x=a\cos\theta$，$y=b\sin\theta$であって，

$$\begin{aligned}
PF^2 &= (OF-x)^2 + y^2 = (k-x)^2 + y^2 = (ae-a\cos\theta)^2 + b^2\sin^2\theta \\
&= a^2e^2 - 2a^2e\cos\theta + a^2\cos^2\theta + b^2\sin^2\theta \\
&= a^2 \times \frac{a^2-b^2}{a^2} - 2a^2e\cos\theta + a^2\cos^2\theta + b^2(1-\cos^2\theta) \\
&= a^2 - 2a^2e\cos\theta + (a^2-b^2)\cos^2\theta \\
&= a^2 - 2a^2e\cos\theta + a^2e^2\cos^2\theta \\
&= (a - ae\cos\theta)^2 = (a-ex)^2
\end{aligned}$$

従って，$PF = a-ex$, ∴ $\dfrac{PF}{PM} = e$

となるので，楕円は焦点に至る距離と準線に至る距離の比が常に1より小さい一定の値eになるような点Pの軌跡であるともいえる．

次に，この楕円の与えられた点$P(x_1, y_1)$を通る接線の式を求めてみよう．この接線は明かに(x_1, y_1)を通るので，その勾配を$m = \tan\alpha$とすると既に求めたように，

$$P(x_1, y_1)\text{点を通る直線 } y = mx + (y_1 - mx_1) \tag{1}$$

となる．

一方，楕円の式は

$$Ax^2 + By^2 = 1 \qquad (2)$$

ただし，式の形を簡単とするため $A = 1/a^2$，$B = 1/b^2$ とおいた．

となり，この二つの交点を求めるには，(1)式と(2)式を連立方程式として解いて，その根を求めればよい．そこで，(2)式の y に(1)式の y の値を代入すると，

$$Ax^2 + B\{mx + (y_1 - mx_1)\}^2 = 1$$

$$(A + Bm^2)x^2 + 2Bm(y_1 - mx_1)x + B(y_1 - mx_1)^2 - 1 = 0 \qquad (3)$$

となり，この(3)式の根を求めると交点の座標 (x, y) が与えられる．ところが，これは x に関する2次方程式だから根が二つ，すなわち交点が二つになる．交点が二つの直線は楕円の割線になり接線にならない．

この交点が一つになって初めて接線になる．ということは上記の2次方程式が等根となることで，根の判別式 $D = \sqrt{b^2 - 4ac} = 0$ にならねばならない．従って

$$4B^2 m^2 (y_1 - mx_1)^2 - 4(A + Bm^2)\{B(y_1 - mx_1)^2 - 1\} = 0$$
$$B^2 m^2 (y_1 - mx_1)^2 - AB(y_1 - mx_1)^2 - B^2 m^2 (y_1 - mx_1)^2 + (A + Bm^2) = 0$$
$$(A + Bm^2) - AB(y_1 - mx_1)^2 = 0$$

この式を，m について整理すると

$$B(1 - Ax_1^2)m^2 + 2ABx_1 y_1 m + A(1 - By_1^2) = 0$$

となる．ここで(2)式の楕円は接点 P (x_1, y_1) を通るので $Ax_1^2 + By_1^2 = 1$，とならねばならない．従って $1 - Ax_1^2 = By_1^2$ であり，$1 - By_1^2 = Ax_1^2$ となるので，上式は

$$B^2 y_1^2 m^2 + 2AB x_1 y_1 m + A^2 x_1^2 = 0$$

となり，これは明らかに

$$(By_1 m + Ax_1)^2 = 0, \quad \text{これより } m = -\frac{Ax_1}{By_1}$$

この m の値を(1)式に代入すると

$$y = -\frac{Ax_1}{By_1}x + \left(y_1 + \frac{Ax_1}{By_1}x_1\right)$$

$$Ax_1 x + By_1 y = Ax_1^2 + By_1^2 = 1$$

$$\therefore \quad \frac{x_1 x}{a^2} + \frac{y_1 y}{b^2} = 1 \qquad (2\cdot 31)$$

これが楕円の P (x_1, y_1) 点における接線をあらわす式になる．この接線に直角な直線が図2·19で図示した法線Nになる．

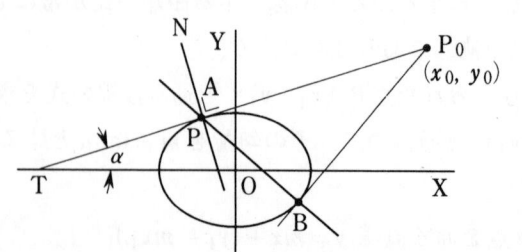

図2·19 楕円の接線と法線，極と極線

2·3 楕円とその方程式

この法線の式は既に図2·7のところで説明したように

$$y - y_1 = -\frac{1}{m}(x - x_1) = \frac{By_1}{Ax_1}(x - x_1)$$

$$\therefore \quad y - y_1 = \frac{a^2 y_1}{b^2 x_1}(x - x_1) \quad \text{あるいは,} \quad \frac{a^2 x}{x_1} - \frac{b^2 y}{y_1} = a^2 - b^2 \tag{2·32}$$

となる.なお,円の場合と同様に楕円外の一点 $P_0(x_0, y_0)$ から楕円に二つの接線PA,PBを引いたとき,このAとBを結ぶ直線は $Ax_0 x + By_0 y = 1$ になり,これを極 P_0 に対する**極線**という.

さて,座標軸に平行な軸をもった楕円の方程式を一般的に書くと

$$Ax^2 + By^2 + 2gx + 2fy + c = 0 \tag{2·33}$$

であって

「x と y の2次方程式で xy の項をふくまず,x^2 と y^2 の項の係数が異り —— 同一だと円になる —— かつ同符号 ($A \cdot B > 0$) であると,この2次方程式は楕円になる」

次に楕円の実例の一つをかかげる.図2·20のように空間において90°の角度をおいて二つのコイルAとBを配置し,これに2相交流を流したとき生ずる磁界をそれぞれ

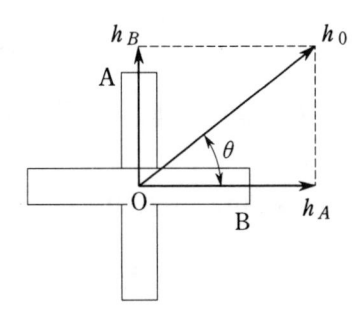

図 2·20 楕円回転磁界

$$h_A = H_A \cos\omega t$$
$$h_B = H_B \cos(\omega t - \pi/2) = H_B \sin\omega t$$

とすると,この二つの磁界によって生ずる合成磁界のX軸方向の分力は h_A であり,Y軸方向の分力は h_B になるので,これを x と y と考えると,

$$\frac{h_A^2}{H_A^2} + \frac{h_B^2}{H_B^2} = \cos^2\omega t + \sin^2\omega t = 1$$

となり前に示した楕円の式になるので,h_A と h_B で構成する合成磁界 h_0 は楕円を画いて変化することが分る.これを**楕円回転磁界**といい,その長軸は $2H_A$ であり,短軸は $2H_B$ になる.この $H_A = H_B = H_m$ であると

$$h_A^2 + h_B^2 = H_m^2(\cos^2\omega t + \sin^2\omega t) = H_m^2$$

になり,合成磁界は半径 H_m の円を画くことになり,これを**円回転磁界**という.

また,$\tan\theta = \dfrac{h_B}{h_A} = \dfrac{H_m \sin\omega t}{H_m \cos\omega t} = \tan\omega t$

すなわち,$\theta = \omega t$ となり合成磁界は何れも電流と同じ角速度(同期速度)で回転することになる.

2·4 双曲線とその方程式

双曲線 楕円は焦点F，F′からの距離の和が一定な点Pの軌跡であったが，**双曲線**は焦点F，F′からの距離の差が一定な点Pの軌跡になり，これを画くには**図2·21**に示したように，一定長Lの長さの定規の一端をF′で回転できるように固定し，一方，長さlの糸の一端をF点に固定し，他端を定規の他方の端Rに固定し，糸をRから定規にそって張りP点に鉛筆の先きをおいて定規を回転させると鉛筆は自から双曲線を画き，FとF′をとりかえるとY軸の左側にも同形の双曲線がえられる —— Y軸についても同様な曲線がえられる —— ．何故なら，P点がどう動いても

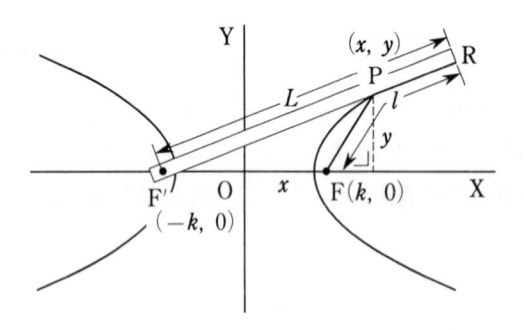

図2·21 双曲線の画き方

$$PF' - PF = (PF' + PR) - (PF + PR) = F'PR - FPR = L - l \quad (一定)$$

となるからである．

図2·21焦点F，F′の座標を$(k, 0)$，$(-k, 0)$とし，P点の座標を(x, y)とすると

$$PF' = \sqrt{(x+k)^2 + y^2}, \quad PF = \sqrt{(x-k)^2 + y^2}$$

となり $PF' - PF = 2a$，ただし，$a < k$とおくと

$$\sqrt{(x+k)^2 + y^2} - \sqrt{(x-k)^2 + y^2} = 2a \tag{1}$$

この両辺に $\sqrt{(x+k)^2 + y^2} + \sqrt{(x-k)^2 + y^2}$ をかけると

$$\{(x+k)^2 + y^2\} - \{(x-k)^2 + y^2\} = 2a\{\sqrt{(x+k)^2 + y^2} + \sqrt{(x-k)^2 + y^2}\}$$
$$4kx = 2a\{\sqrt{(x+k)^2 + y^2} + \sqrt{(x-k)^2 + y^2}\}$$

従って $\sqrt{(x+k)^2 + y^2} + \sqrt{(x-k)^2 + y^2} = 2kx/a$ (2)

この(1)式と(2)式を辺々相加えて2で除すると

$$\sqrt{(x+k)^2 + y^2} = a + \frac{kx}{a}$$

この両辺を2乗して整理すると

$$\left(\frac{k^2 - a^2}{a^2}\right)x^2 - y^2 = k^2 - a^2, \quad ただし \quad k > a$$

この両辺を$k^2 - a^2 = b^2$とおいて除すると，

$$\frac{x^2}{a^2} - \frac{y^2}{b^2} = 1 \tag{2·34}$$

これが双曲線をあらわす方程式の標準形である．この式が$x = x_k$，$y = y_k$で成り立

2・4 双曲線とその方程式

つと，$x = \pm x_k$，$y = \pm y_k$ のどのような組合せに対しても成立するので，双曲線はX軸についてもY軸についても，または原点Oに関しても全く対称となる．そこで，この原点を**双曲線の中心**という．

また，$y = 0$ とおくと $x = \pm a$ になるので，双曲線はX軸と $(a, 0)$，$(-a, 0)$ の2点で交わる．また，$y^2/b^2 \geqq 0$ となるので，$x^2/a^2 \geqq 1$ とならねばならない．ということはxの絶対値がaより大きくなることで，$-a \geqq x \geqq a$ となることが条件になる．従って，$-a \leqq x \leqq a$ には曲線は存在せず，$x = 0$はとりえない．

次に双曲線の作図法を説明しよう．図2・22で原点Oを中心とする半径aの円を画いて，X軸との交点をA，A'とすると，その座標は $(a, 0)$，$(-a, 0)$ になって，これらの点は双曲線がX軸を切る点 ―― これを**双曲線の頂点**という ―― になる．

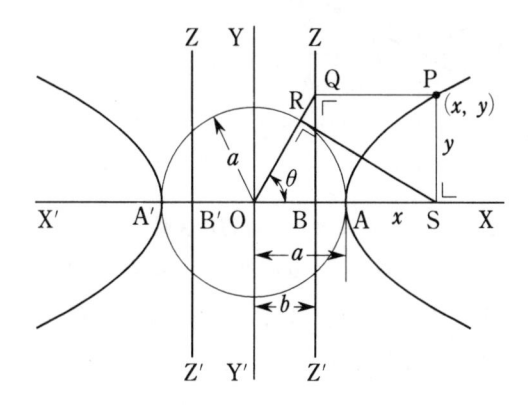

図2・22 双曲線の作図法

また，X軸上に $(b, 0)$，$(-b, 0)$ の2点BとB'に，それぞれY軸の平行線ZZ'を引く．今，X軸上の任意の点 $OS = x$ のS点を取り，S点から円に接線SRを引き，半径ORまたはその延長がZZ'と交わる点をQとしたとき，Q点から引いたX軸の平行線とS点から引いたY軸の平行線の交点をPとすると，PSは双曲線においてxに対応するyの値を与える．何故なら直角三角形OSRで，$\angle ROS = \theta$ とすると

$$x = OS = OR \times \frac{OS}{OR} = a \sec \theta$$

また，直角三角形OQBでは

$$y = PS = QB = OB \times \frac{QB}{OB} = b \tan \theta$$

従って $\dfrac{x^2}{a^2} - \dfrac{y^2}{b^2} = \dfrac{a^2 \sec^2 \theta}{a^2} - \dfrac{b^2 \tan^2 \theta}{b^2} = \dfrac{1 - \sin^2 \theta}{\cos^2 \theta} = \dfrac{\cos^2 \theta}{\cos^2 \theta} = 1$

となって，上記のようにして取ったxとyは双曲線の方程式を満足させる．そこで，このxの値をaより大きく，$-a$より小さくとって，各点でPを求めて，これらのP点を結ぶと双曲線が画かれる．

さて，双曲線 $\dfrac{x^2}{a^2} - \dfrac{y^2}{b^2} = 1$ をyについて解くと，$y = \pm \dfrac{b}{a} \sqrt{x^2 - a^2}$ になり，xの絶対値が大きくなるほどyの絶対値も大きくなる．xが著しく大きくなったとき，上式は近似的に次のように書ける．

$$y = \pm \frac{b}{a} x \left\{ 1 - \left(\frac{a}{x}\right)^2 \right\}^{\frac{1}{2}} \fallingdotseq \pm \frac{b}{a} x \left(1 - \frac{a^2}{2x^2}\right) = \pm \frac{b}{a} x \mp \frac{ab}{2x}$$

さらにxが大きくなると上式の第2項は限りなく0に接近し，遂には，

$$y = \pm \frac{b}{a}x = \pm mx, \quad m = \frac{b}{a} = \tan\alpha \tag{2.35}$$

となるが，この $y = \pm mx$ は原点を通る直線で，また，

$$\frac{x}{a} - \frac{y}{b} = 0 \text{ および } \frac{x}{a} + \frac{y}{b} = 0, \text{ 合せて } \frac{x^2}{a^2} - \frac{y^2}{b^2} = 0$$

双曲線の漸近線 とも書ける．x の値が大きくなると双曲線は限りなくこれらの直線に接近するので，これらの直線を**双曲線の漸近線**（ぜんきんせん）と称する．図 2·23 はこれを示した．

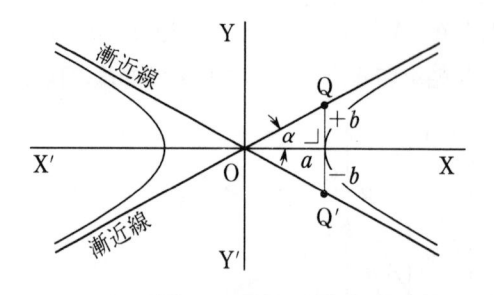

図 2·23 双曲線の漸近線

注: 双曲線の式で $a = b$ であると，漸近線は X 軸と $\pm 45°$ をなす直線となり，二つの漸近線は直交する．このときの双曲線を特に**直角双曲線**ともいう．

直角双曲線

なお，双曲線上の 1 点 P(x_1, y_1) に引いた接線や法線の式は既述した楕円の場合の式で，$A = 1/a^2$, $B = -1/b^2$ とおけばよく，直ちに

接線の式 $\quad \dfrac{x_1 x}{a^2} - \dfrac{y_1 y}{b^2} = 1 \tag{2.36}$

法線の式 $\quad y - y_1 = -\dfrac{a^2 y_1}{b^2 x_1}(x - x_1) \tag{2.37}$

または $\quad \dfrac{a^2 x}{x_1} + \dfrac{b^2 y}{y_1} = a^2 + b^2$

というように求められる．

また，楕円の離心率 e は，$e = \sqrt{a^2 - b^2}/a$ であったが，この b^2 の符号をかえると

双曲線の離心率 $\quad e = \dfrac{\sqrt{a^2 + b^2}}{a} \quad$ ただし，$e > 1 \tag{2.38}$

双曲線の準線 になる．この離心率を用いて，図 2·24 に示すように $(a/e, 0)$ および $(-a/e, 0)$ の点に Y 軸に平行線を引いたとき，これを**双曲線の準線**といい，焦点を F とし，双曲線上の 1 点を P(x, y) とすると，楕円のところで述べたのと同様にして，PF $= ex - a$ がえられ，一方，PM は

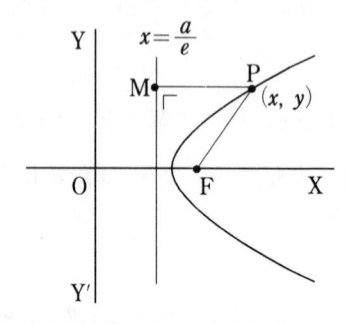

図 2·24 双曲線の離心率と準線

$$\text{PM} = x - \frac{a}{e} = \frac{ex - a}{e} \text{ となり，} \quad \frac{\text{PF}}{\text{PM}} = e$$

になるので，双曲線は焦点に至る距離と準線に至る距離の比が常に1より大きい —— 1より小さいと楕円 —— 一定の値eになるような点Pの軌跡であるともいえる．

さらに，楕円の場合と同様に双曲線外の一点$P_0(x_0, y_0)$から双曲線に二つの接線を引いたとき，それらの接点を結ぶ直線は$Ax_0x + By_0y = 1$になり，これを極P_0に対する**極線**という．

極線

さて，座標軸に平行な軸をもつ双曲線の方程式を一般的に書くと

$$Ax^2 + By^2 + 2gx + 2fy + c = 0 \tag{2・39}$$

となり

「xとyの2次方程式でxyの項をふくまず，x^2とy^2の項の係数が異り，かつ異符号$(A \times B < 0)$ —— 同符号だと楕円になる —— のとき，この2次方程式は**双曲線**になる」

次に双曲線になる1例をあげると，交流回路で負荷の有効電力Pを一定とし，無効電力Qを調整したとき，皮相電力をSとすると

$$S^2 = P^2 + Q^2 \quad より \quad \frac{S^2}{P^2} - \frac{Q^2}{P^2} = 1$$

直角双曲線

となり，このSとQの関係は**図2・25**に示すよう**直角双曲線**になる．

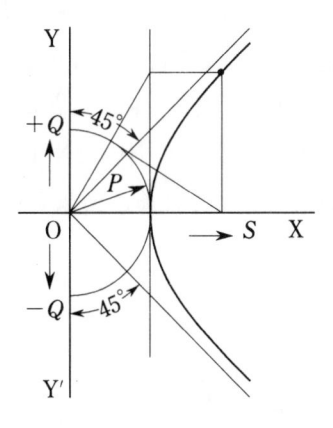

図2・25 直角双曲線の例

2・5 放物線とその方程式

放物線

投げられた物体や発射された弾丸の画く軌道が放物線になることを最初に論証したのは近代物理学の始祖ともいうべきガリレオであったが，この**放物線**は一定点（焦点F）に至る距離と一定直線（準線）に至る距離が常に相等しくなる点の軌跡である．従って，これを画くには**図2・26**のように，三角定規ABCの直角をはさむ辺ABを準線に沿って動かすようにし，他の1辺BCの長さに等しい糸の一端を焦点Fに固定し，他端をC点に固定して，糸をCPのように三角定規のBC辺に沿うように鉛筆の先きをP点において，三角定規を準線に沿って移動させると，鉛筆の先きPは放物線を画く．何故なら

常に　FP + PC = BC = BP + PC　　　∴ FP = BP

となるからである．

2 解析幾何学の基礎知識

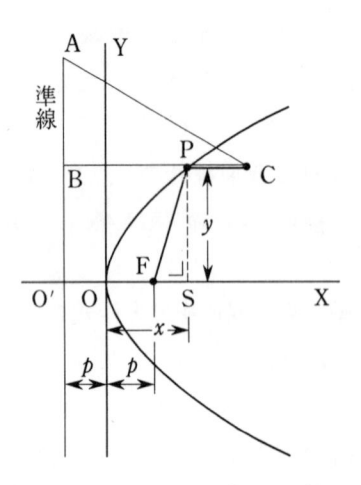

図2·26 放物線の画き方

この三角定規のBC辺が下にきてX軸と一致するとP点もX軸上にきて、糸の長さから

$$2PF + FC = BF + FC \quad \text{となり} \quad PF = OF = \frac{BF}{2} = \frac{O'F}{2}$$

となるので、OはO'Fの2等分点になる。そこで、O'O = OF = p とおくと

$$FP^2 = FS^2 + PS^2 = (x-p)^2 + y^2 = BP^2 = (x+p)^2$$

$$x^2 - 2px + p^2 + y^2 = x^2 + 2px + p^2 \quad \therefore \quad y^2 = 4px \tag{2·40}$$

放物線の方程式　これが**放物線の方程式**の標準形であって、Oをその頂点、X軸をその軸という。これを作図によって画くには図2·27のように、X軸上に($-4p$, 0)のR点をとり、RからY軸上の任意の点Qに直線RQを引き、RQに直角な線QSがX軸と交わる点をSとし、Sより垂線を立て、これとQ点から引いたX軸の平行線の交点をPとするとPSがOS = x に対する放物線のyの値を与える。何故なら直角三角形、RQOとSQOにおいて、

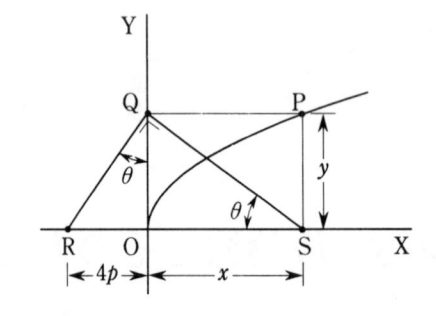

図2·27 放物線の作図法

$\angle OSQ = \angle OQR = \theta$ となり、

$$\tan\theta = \frac{OR}{OQ} = \frac{4p}{y} = \frac{OQ}{OS} = \frac{y}{x}$$

$$\therefore \quad y^2 = 4px$$

になる。Y軸上の種々のyの値に対応するxの値を上記のようにして定めP点の位置を定めて行くと自から放物線が画かれる。次に、図2·28に図示したように、放物線上の与えられた点P(x_1, y_1)を通る接線の式を求めてみよう。この接線をあらわす直線Tの方程式は(x_1, y_1)を通るので既述したように

$$y = mx + (y_1 - mx_1) \quad \text{ただし} \quad m = \tan\alpha$$

となり、一方、放物線の式は$y^2 = 4px$であって、この二つの交点は、これらを連立方程式として解いた根によって与えられるので、

2・5 放物線とその方程式

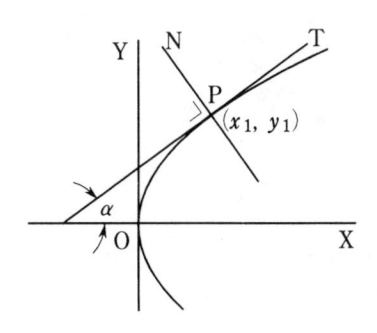

図2・28 放物線の接線と法線

$$\{mx+(y_1-mx_1)\}^2=4px$$

これを展開してxについて整理すると

$$m^2x^2+2\{m(y_1-mx_1)-2p\}x+(y_1-mx_1)^2=0$$

となり，その根が交点を与える．この2次方程式の根は二つあって交点は二つになるが，直線Tが接線であるためには交点は一つとなり，この2次方程式は等根，すなわち，$D=b^2-4ac=0$とならねばならない．従って，

$$4[\{m(y_1-mx_1)-2p\}^2-m^2(y_1-mx_1)^2]=0$$
$$\{m(y_1-mx_1)-2p+m(y_1-mx_1)\}\{m(y_1-mx_1)-2p-m(y_1-mx_1)\}=0$$
$$2\{m(y_1-mx_1)-p\}\times(-2p)=0$$

ここで$p \neq 0$とし，mについて整理すると

$$x_1m^2-y_1m+p=0$$
$$\therefore \quad m=\frac{y_1\pm\sqrt{y_1^2-4px_1}}{2x_1}$$

となるが，(x_1, y_1)は放物線上の点だから$y_1^2=4px_1$となり，根号内は0になるので

$$m=\frac{y_1}{2x_1} \quad m=\tan\alpha$$

これを接線Tの式に代入すると

$$y=\frac{y_1}{2x_1}x+\left(y_1-\frac{y_1x_1}{2x_1}\right)=\frac{y_1x+x_1y_1}{2x_1}$$
$$2x_1y=y_1x+x_1y_1=y_1(x+x_1)$$

これに $y_1^2=4px_1$ 従って $x_1=\dfrac{y_1^2}{4p}$ を代入すると

$$\frac{y_1^2}{2p}y=y_1(x+x_1) \quad \therefore \quad y_1y=2p(x+x_1) \tag{2・41}$$

これが放物線のP(x_1, y_1)点における接線Tの式である．また，この点での法線Nは既述したように，

$$y-y_1=-\frac{1}{m}(x-x_1)=-\frac{2x_1}{y_1}(x-x_1)=-\frac{y_1}{2p}(x-x_1) \tag{2・42}$$

として求められる．

放物線の焦点 この放物線の焦点をF$(p, 0)$とし，PとFを結ぶと図2・29に示すように，

2 解析幾何学の基礎知識

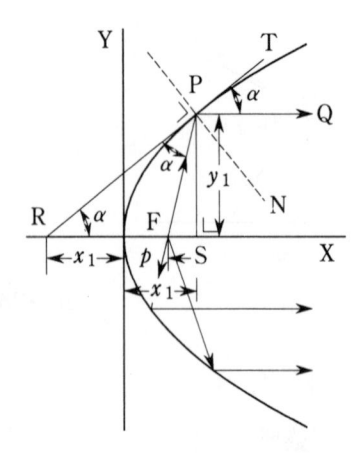

図 2·29 放物面鏡

$$PF^2 = FS^2 + PS^2 = (x_1 - p)^2 + y_1^2$$

このP点では $y_1^2 = 4px_1$ が成立し

$$PF^2 = (x_1 - p)^2 + 4px_1 = (x_1 + p)^2$$

従って，$PF = x_1 + p$ になる．またP点での接線Tの式は上記で求めたように，

$$y_1 y = 2p(x + x_1)$$

であったから，接線がX軸と交わる点Rは，上の式で $y=0$ とおいて $x = -x_1$，すなわち $(-x_1, 0)$ になるので，$FR = x_1 + p$ そこで $FR = FP$ となり三角形RFPは2等辺三角形になり，両底角は相等しい．また，P点からX軸に平行線PQを引くと

$$\angle FRP = \angle FPR = \angle TPQ = \alpha$$

となる．従って，P点での法線Nに対しては

$$\angle FPR + \angle FPN = \angle TPQ + \angle QPN = \llcorner R$$

となり，結局，$\angle FPN = \angle QPN$ となるので，Fに光源をおくとP点での入射角 $\angle FPN$ と反射角 $\angle QPN$ は相等しく，反射光線はPQのようにX軸と平行になる．そこで反射面を放物面鏡とし焦点に光源をおくと，鏡面で反射された光線はことごとく平行光線になって遠距離でも光度の低下が少なくなる，これが探照灯の原理である．

放物線の離心率　なお，**放物線の離心率 e** は，図2·26から明らかなように，$e = PF/PB = 1$ になり，X軸の方向に主軸をもつ放物線の方程式は

$$y^2 + 2gx + 2fy + C = 0 \tag{2·43}$$

になり，Y軸の方向に主軸をもつ場合は

$$x^2 + 2gx + 2fy + C = 0 \tag{2·44}$$

になる．従って，楕円または双曲線の式

$$Ax^2 + By^2 + 2gx + 2fy + C = 0$$

において，x^2 なり y^2 の項の何れかの係数が0になると放物線になる．重ねていうと，

「xとyの2次方程式でxyの項をふくまず，x^2かy^2の項の係数が0であると，この2次方程式は放物線になる」

次に放物線の実例の一つとして，径間距離（支持点間の距離）が短小なときの架空電線のなす曲線は放物線になると考えてよい．図2·30で径間距離をL，中央の**弛度**（ちど──電線のたるみ）をDとしたとき，前に示した放物線の方程式 $y^2 = 4px$ でX軸とY軸をとりかえると $x^2 = 4py$ となり，この場合の式になる．

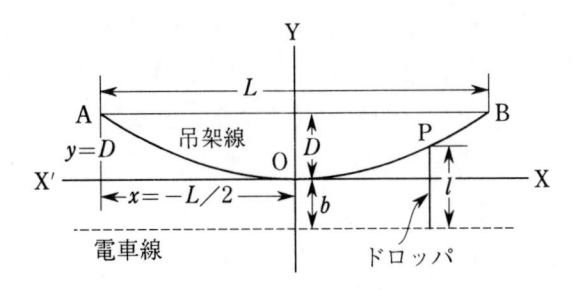

図 2·30　ドロッパの長さ

このときの原点Oは電線の中央点に相当し，この放物線は両支持点A，Bを通るので，A点では

$$x = \frac{-L}{2}$$ としたとき $y = D$ とならねばならない．

そこで，$\left(\frac{-L}{2}\right)^2 = 4pD, \quad 4p = \frac{L^2}{4D}$

故に，この場合の放物線の式は

$$x^2 = \frac{L^2}{4D}y \quad または \quad y = \frac{4D}{L^2}x^2$$

になる．もちろん，この式で $x = L/2$ とすると $y = D$ になりB点を通る．これを電鉄における吊架線とすると，任意の点 x のドロッパの長さ l は図2·30の線で示したように

$$l = b + y = b + \frac{4D}{L^2}x^2$$

として定めることができる．

2·6　2次曲線の一般と極方程式

2次曲線　2次方程式であらわされる曲線を**2次曲線**というが，そのもっとも一般的な形は

$$ax^2 + 2hxy + by^2 + 2gx + 2fy + c = 0 \tag{1}$$

であり，これがどのような形のときにどのような曲線をあらわすかの一通りを前の諸節で述べたが，この節ではそれらをまとめてさらに考究することにしよう．

まず x と y の積の項のない場合，すなわち，$h = 0$ のとき

$$ax^2 + by^2 + 2gx + 2fy + c = 0 \tag{2}$$

について考える．この式は

$$a\left(x + \frac{g}{a}\right)^2 + b\left(y + \frac{f}{b}\right)^2 = \frac{g^2}{a} + \frac{f^2}{b} - c$$

と書きかえることができる．ここで，

$$X = x + \frac{g}{a}, \quad Y = y + \frac{f}{b}, \quad \frac{a}{D} = A, \quad \frac{b}{D} = B$$

ただし，$D = \frac{g^2}{a} + \frac{f^2}{b} - c \neq 0$

とおくと原方程式(2)は　$AX^2 + BY^2 = 1$ \tag{3}

| 楕円 | となり，AとBが共に正であると楕円に，共に負であると虚の楕円になり，AとBが
| 双曲線 | 異符号だと双曲線になる．従って，(2)式の2次方程式で$D \neq 0$の場合は，座標を平行移動して原点が$(-g/a, -f/b)$にくるようにすると，上記のように楕円または双曲線がえられる．次に$D=0$であると，(3)式は

$$aX^2 + bY^2 = 0 \tag{4}$$

となり，ここで，aとbが異符号だと上式は

$$aX^2 + bX^2 = (\sqrt{a}\,X + \sqrt{b}\,Y)\cdot(\sqrt{a}\,X - \sqrt{b}\,Y) = 0$$

となるので，この式は二つの直線$(\sqrt{a}\,X + \sqrt{b}\,Y)$と$(\sqrt{a}\,X - \sqrt{b}\,Y)$をあらわすと考えられる．なお，$a$と$b$が同符号だと，$X=0$，$Y=0$，の場合しか上式は成立しない

| 点楕円 | ので点または点楕円（楕円が縮少して点になったもの）になる．

さらに，(2)式でaかbの何れかが0になる場合は，仮に$a=0$とすると，

$$by^2 + 2gx + 2fy + c = 0 \tag{5}$$

$$b\left\{y^2 + 2\frac{f}{b}y + \left(\frac{f}{b}\right)^2\right\} + 2gx - \frac{f^2}{b} + c = 0$$

$$\left(y + \frac{f}{b}\right)^2 + \frac{2g}{b}\left(x - \frac{f^2 - bc}{2gb}\right) = 0$$

ここで，$Y = y + \dfrac{f}{b}$，$X = x - \dfrac{f^2 - bc}{2gb}$，$4p = -\dfrac{2g}{b}$とおくと

$$Y^2 = 4pX \tag{6}$$

| 放物線 | となり，これは明らかに放物線の式である．

従って，2次方程式が(5)式の形で与えられたときは，座標を平行移動して，原点が$\left(\dfrac{f^2 - 4bc}{2gb}, -\dfrac{f}{b}\right)$にくるようにすると放物線がえられる．なお，(2)式で$b=0$になる場合も同様に放物線になるが，上記のX軸上の図形がY軸上にくる．結局，上述から明らかなように(2)式のような2次方程式は楕円，双曲線，二つの直線，点または放物線をあらわす．

次に(1)式で$h \neq 0$でxyの項をふくむ

$$ax^2 + 2hxy + by^2 + 2gx + 2fy + c = 0$$

の場合に，xyの項を消去して(2)式に導くためには座標軸を回転移動する．このことは既に図1・6のところで説明したように，回転後の座標x'，y'をX，Yとおくと，

$$x = X\cos\theta - Y\sin\theta, \quad y = X\sin\theta + Y\cos\theta$$

となり，これを前式に代入すると，

$$a(X\cos\theta - Y\sin\theta)^2 + 2h(X\cos\theta - Y\sin\theta)(X\sin\theta + Y\cos\theta)$$
$$+ b(X\sin\theta + Y\cos\theta)^2 + 2g(X\cos\theta - Y\sin\theta) + 2f(X\sin\theta + Y\cos\theta) + c = 0$$

これを展開して積XYの項を求めると

$$-2a\cos\theta\sin\theta + 2h(\cos^2\theta - \sin^2\theta) + 2b\sin\theta\cos\theta$$
$$= -(a-b)\sin 2\theta + 2h\cos 2\theta$$

ただし，$\sin 2\alpha = 2\sin\alpha\cos\alpha$，$\cos 2\alpha = \cos^2\alpha - \sin^2\alpha$

こうして座標軸を回転した結果としてXYの項を消去するためには，上記のXYの項の係数を0とすればよい．すなわち，

2·6 2次曲線の一般と極方程式

$$-(a-b)\sin 2\theta + 2h\cos 2\theta = 0$$

$$\therefore \quad \tan 2\theta = \frac{\sin 2\theta}{\cos 2\theta} = \frac{2h}{a-b}$$

となるので，この式を満足させるθだけ座標を回転するとXYの項は消失して

$$(a\cos\theta + 2h\sin\theta)\cos\theta \cdot X^2 + (a\sin\theta + 2h\cos\theta)\sin\theta \cdot Y^2$$
$$+ 2(g\cos\theta + f\sin\theta)\cdot X + 2(f\cos\theta - g\sin\theta)\cdot Y + c = 0$$
$$a'X^2 + b'Y^2 + 2g'X + 2f'Y + c = 0$$

となって(2)式の場合と同様に取扱うことができる．

例えば，

$$3x^2 + 2\sqrt{3}xy + y^2 + \sqrt{3}x - 3y + 6 = 0$$

のあらわす曲線を考えると，xyの項を消去するための座標の回転角度θは

$$\tan 2\theta = \frac{2h}{a-b} = \frac{2\sqrt{3}}{3-1} = \sqrt{3} \qquad 2\theta = 60° \qquad \therefore \quad \theta = 30°$$

従って，新しい座標では

$$x = X\cos 30° - Y\sin 30° = \frac{\sqrt{3}}{2}X - \frac{1}{2}Y$$
$$y = X\sin 30° + Y\cos 30° = \frac{1}{2}X + \frac{\sqrt{3}}{2}Y$$

これを原式に代入すると

$$3\left(\frac{\sqrt{3}}{2}X - \frac{1}{2}Y\right)^2 + 2\sqrt{3}\left(\frac{\sqrt{3}}{2}X - \frac{1}{2}Y\right)\left(\frac{1}{2}X + \frac{\sqrt{3}}{2}Y\right)$$
$$+ \left(\frac{1}{2}X + \frac{\sqrt{3}}{2}Y\right)^2 + \sqrt{3}\left(\frac{\sqrt{3}}{2}X - \frac{1}{2}Y\right) - 3\left(\frac{1}{2}X + \frac{\sqrt{3}}{2}Y\right) + 6 = 0$$

この式をX, Yについて整理すると

$$2X^2 - \sqrt{3}Y + 3 = 0 \qquad \therefore \quad X^2 = 4\cdot\frac{\sqrt{3}}{8}\left(Y - \sqrt{3}\right)$$

となり，ここでさらに座標を$(0, \sqrt{3})$だけ平行移動させると，これは明らかに放物線の標準形になる．

次に，直交座標のかわりに図1·4で説明した極座標を用いたとき，直線や2次曲線が

極方程式 どのような方程式 —— **極方程式**という —— によってあらわされるかを簡単に説明しておこう．まず，直線であるが，X軸およびY軸の切片がa, bである図2·31のMNのような直線は直交座標では既述のように

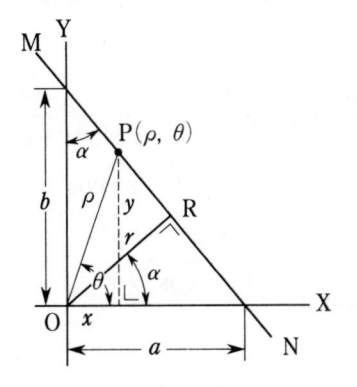

図2·31 直線の極方程式

$$\frac{x}{a}+\frac{y}{b}=1$$

で示されたが，直線上の任意の1点Pを極座標であらわすと (ρ, θ) になり，直交座標では (x, y) とすると，$x=\rho\cos\theta, y=\rho\sin\theta$ になるので，これを前式に代入すると，

$$\frac{\cos\theta}{a}+\frac{\sin\theta}{b}=a'\cos\theta+b'\sin\theta=\frac{1}{\rho}$$

になる．これも極座標による直線の方程式であるが，図2・5のヘッセの標準形のところで説明したように，この直線への垂線の長さ r と垂線が基線OXとなす角 α が与えられていると，図から明らかなように，

$$r=a\cos\alpha, \quad r=b\sin\alpha \quad \text{より} \quad a=\frac{r}{\cos\alpha}, \quad b=\frac{r}{\sin\alpha}$$

これを前式に代入すると，

$$\rho(\cos\theta\cos\alpha+\sin\theta\sin\alpha)=r$$
$$\therefore \quad \rho\cos(\theta-\alpha)=r \tag{2・45}$$

直線の極方程式 これが**直線の極方程式**である．直線が原点を通ると θ は一定であり $\rho=r$ になる．

円の場合は極座標であらわされた円の中心Cの座標を (ρ_1, θ_1)，円の半径を r とすると図2・32から明らかなように，円周上の任意の1点Pの極座標を (ρ, θ) とすると次の関係が成立する．

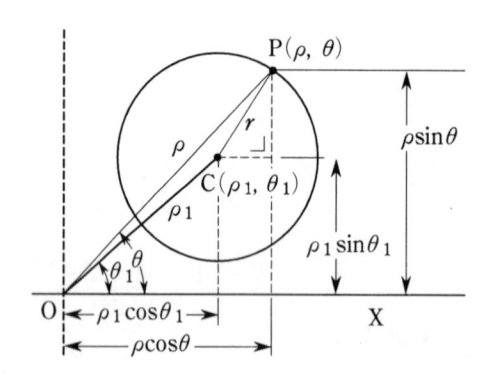

図2・32 円の極方程式

$$(\rho\cos\theta-\rho_1\cos\theta_1)^2+(\rho\sin\theta-\rho_1\sin\theta_1)^2=r^2$$
$$\rho^2-2\rho\rho_1(\cos\theta\cos\theta_1+\sin\theta\sin\theta_1)+\rho_1^2-r^2=0$$
$$\therefore \quad \rho^2-2\rho_1\rho\cos(\theta-\theta_1)+\rho_1^2-r^2=0 \tag{2・46}$$

円の極方程式 これが**円の極方程式**である．原点Oを円の中心Cに移すと $\rho_1=0$ になり $\rho=r$ になる．また，中心CがX軸上にあると $\theta_1=0$ になり $\rho^2-2\rho\rho_1\cos\theta+\rho_1^2-r^2=0$ になり，なお，円が原点を通ると $\rho_1=r_1$ になって，$\rho=2r\cos\theta$ になる．

次に楕円の場合は原点を中心におくか左右何れの焦点におくかによって式の形は変わってくる．今，楕円の中心に原点をおいた場合を考え，楕円の式に $x=\rho\cos\theta$, $y=\rho\sin\theta$ を代入すると

$$\frac{\rho^2\cos^2\theta}{a^2}+\frac{\rho^2\sin^2\theta}{b^2}=1, \quad \rho^2=\frac{a^2b^2}{a^2\sin^2\theta+b^2\cos^2\theta}$$

この右辺の分母は $a^2\sin^2\theta+a^2\cos^2\theta-a^2\cos^2\theta+b^2\cos^2\theta$ とおけるので

$$\rho^2=\frac{b^2}{1-\dfrac{a^2-b^2}{a^2}\cos^2\theta}=\frac{b^2}{1-e^2\cos^2\theta} \tag{2・47}$$

2·6 2次曲線の一般と極方程式

ただし，eは楕円の離心率で $e = \dfrac{\sqrt{a^2+b^2}}{a}$

楕円の極方程式 これが**楕円の極方程式**である．なお，

原点を右の焦点Fにおくと $\rho = \dfrac{l}{1+e\cos\theta}$ (2·48)

原点を左の焦点F'におくと $\rho = \dfrac{l}{1-e\cos\theta}$ (2·49)

ただし，$l = b^2/a$ （$2l$は長径）

双曲線 同様に双曲線の場合に原点を中心におくと，楕円の場合と同様にして

$$\rho^2 = \frac{b^2}{e^2\cos^2\theta - 1} \tag{2·50}$$

ただし，eは双曲線の離心率 $e = \dfrac{\sqrt{a^2+b^2}}{a}$

原点を右の焦点におくと $\rho = \dfrac{l}{1-e\cos\theta}$ (2·51)

原点を左の焦点におくと $\rho = \dfrac{l}{1+e\cos\theta}$ (2·52)

ただし，$l = b^2/a$ （$2l$は長径）

さらに，放物線の場合，頂点に原点をおくと簡明な式にならないので，焦点に原点をおくと，**図2·26**から明らかなように，

$$\rho = \mathrm{FP} = \mathrm{BP} = 2p + \rho\cos\theta = l + \rho\cos\theta$$

$$\rho = \frac{l}{1-\cos\theta} = p\,\mathrm{cosec}^2\frac{\theta}{2} \tag{2·53}$$

ただし，$l = 2p$，$\cos 2\alpha = 1 - 2\sin^2\alpha$，$1 - \cos 2\alpha = 2\sin^2\alpha$，$2\alpha = \theta$ とおくと，$1 - \cos\theta = 2\sin^2\dfrac{\theta}{2}$ となる．

放物線の極方程式 これが**放物線の極方程式**である．

　注： 以上で述べたのは蝿が壁面上を運動している場合の平面解析幾何学であったが，蝿が壁面を離れて空間に飛び出して自在に運動したときは，図2·33に示したように，空間の1点に原点Oを定め，この点で直交するX，Y，Zの3軸をとり，空間での蝿の位置をPとしたとき，PからY軸に平行線を引き，平面XOZとの交点をQとし，QからX軸に平行線を引いてZ軸との交点をRとし，QR = x，PQ = y，OR = zとして，このx，y，zをP点の座標といいP (x, y, z) と書く．こうして蝿の位置を定めてその運動曲線なり曲面を研究する．こうした立体的な取扱いをしたときの解析幾何学を立体解析幾何学または空間解析幾何学という．一般に曲面は一つの方程式 $F(x, y, z) = 0$ であらわされ，Fがその3変数の2次式であると2次曲面となり，1次式であると平面をあらわす．また，曲線は二つの曲面の交わりとして二つの方程式 $F(x, y, z) = 0$，と $G(x, y, z) = 0$ を連立させることによってあらわされ，同様に直線は二つの平面の交わりとしてあらわされる．

2 解析幾何学の基礎知識

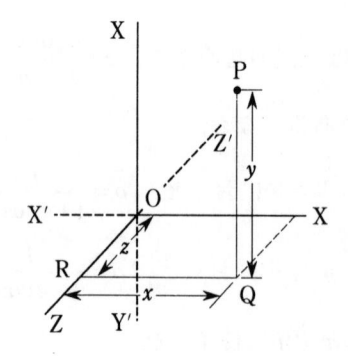

図2・33 3次元の空間

3 ベクトル軌跡の研究

　交流回路のインピーダンス（またはアドミタンス）が，それを構成する抵抗やリアクタンス（またはコンダクタンスやサセプタンス）の変化によってどのように変化するかをインピーダンス（またはアドミタンス）をあらわすベクトルの矢頭の軌跡（きせき）としてあらわすことができる．同様に交流回路の回路要素や負荷状態の変化または周波数の変化に応ずる回路の電圧，電流または電力の変化を，それらをあらわすベクトルの軌跡として示すことができる．このベクトル軌跡の求め方は交流回路の解析において重要な手法の一つであるが，これを体系的に述べた書がないので，すでに学んだ複素数や解析幾何の知識をもとにして，このことを系統的に研究してみよう．

ベクトル軌跡

3・1 複素数の虚数部が変化した場合のベクトル軌跡

　一つの複素数 $\dot{Z}=r+jx$ の虚数部 x が $-\infty$ から $+\infty$ まで変化したとすると，$\dot{Z}$ に対応するベクトルOPの矢頭Pの軌跡は，**図3・1**に示したように原点OからX軸上にOR=r にとったときのR点に引いた垂直線MNになる．これは r =OR が一定で，x =PR のみが変化するから当然であって，図示のように x が $-\infty$ から $+\infty$ に増加するのに応じて，P点はMN直線上を下から上にと移動する．

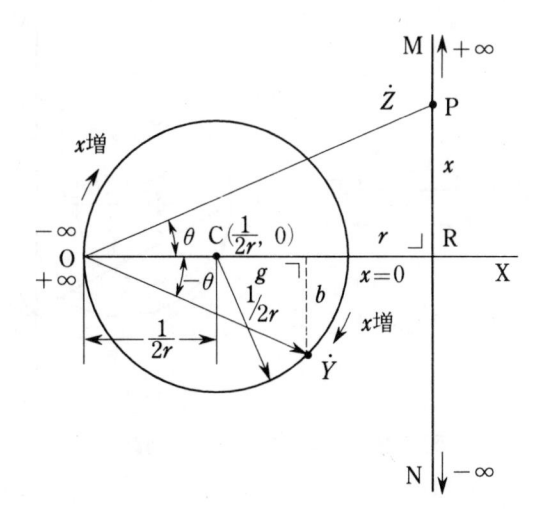

図3・1 虚数部が変化したとき

逆数ベクトル　次に，この $\dot{Z}$ の逆数ベクトル $\dot{Y}$ はどのような軌跡をたどるかを考えてみよう．すでに複素数のところで学んだように，

$$\dot{Y} = \frac{1}{\dot{Z}} = \frac{1}{r+jx} = \frac{r-jx}{(r+jx)(r-jx)} = \frac{r}{r^2+x^2} - j\frac{x}{r^2+x^2} = g - jb$$

$$\theta' = \arctan\frac{-b}{g} = \arctan\frac{-x}{r} = -\theta$$

ただし，$\theta = \angle POR = \arctan\frac{x}{r}$

$$g^2 + b^2 = \left(\frac{r}{r^2+x^2}\right)^2 + \left(\frac{x}{r^2+x^2}\right)^2 = \frac{1}{r^2+x^2}$$

しかるに $g = \dfrac{r}{r^2+x^2}$ より $\dfrac{1}{r^2+x^2} = \dfrac{g}{r}$

これを前式に用いると

$$g^2 + b^2 = \frac{1}{r^2+x^2} = \frac{g}{r}, \quad \text{従って} \quad g^2 + b^2 - \frac{g}{r} = 0$$

ここで変数はgとbであって，上式はgとbの2次方程式になり，2・2で説明したように，この場合，g^2とb^2の係数が等しくgbの項がないので，この2次方程式は明らかに円になる．すなわち，

$$g^2 - 2g\frac{1}{2r} + \left(\frac{1}{2r}\right)^2 - \left(\frac{1}{2r}\right)^2 + b^2 = 0$$

$$\therefore \quad \left(g - \frac{1}{2r}\right)^2 + b^2 = \left(\frac{1}{2r}\right)^2$$

$\dot{Y}$のベクトル軌跡

となるので，$\dot{Y}$のベクトル軌跡は中心Cの座標が $(1/2r, 0)$ である半径 $(1/2r)$ の円になる．

この実例として，図3・2に示すように一定値の抵抗rと可変リアクタンスxを直列としたものに一定電圧$\dot{E}$を加え，xを容量性リアクタンス（$-x$）の無限大から誘導性リアクタンス（$+x$）の無限大まで変化させたとき，回路に流れる電流$\dot{I}$は

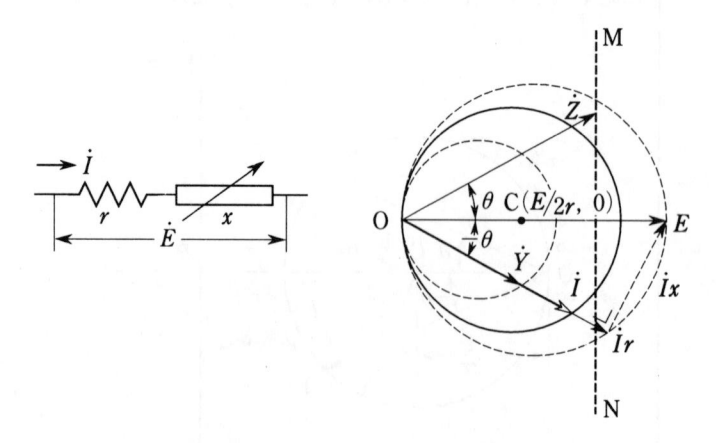

図3・2 可変リアクタンス回路

$$\dot{I} = \frac{\dot{E}}{\dot{Z}} = \frac{E}{r+jx} = E(g-jb) = E\dot{Y}$$

3·1 複素数の虚数部が変化した場合のベクトル軌跡

$\dot{I}$のベクトル軌跡

となるので，$\dot{E}$をX軸にとったとき，$\dot{I}$のベクトル軌跡は図示のようにアドミタンス$\dot{Y}$の軌跡をE倍したもので，$\dot{Y}$のベクトル軌跡と同様な円になり，中心Cの座標は$(E/2r,\ 0)$で半径は$(E/2r)$になる．

$\dot{Z}$のベクトル軌跡

また，図3·3に示すように，$\dot{Z}$のベクトル軌跡が任意の直線MN上を移動する場合，$1/\dot{Z}$の画くベクトル軌跡を求めるには原点Oよりこの直線に引いた垂直線をOR（$OR=\rho$）とし，ORがX軸となす角をβとすると，座標軸をβだけ反時計方向に回転移動してOX′，OY′とし，この新しい座標系から見ると前図の場合と全く同様になって，中心Cの座標が$(1/2\rho,\ 0)$で半径が$1/2\rho$の円になる．

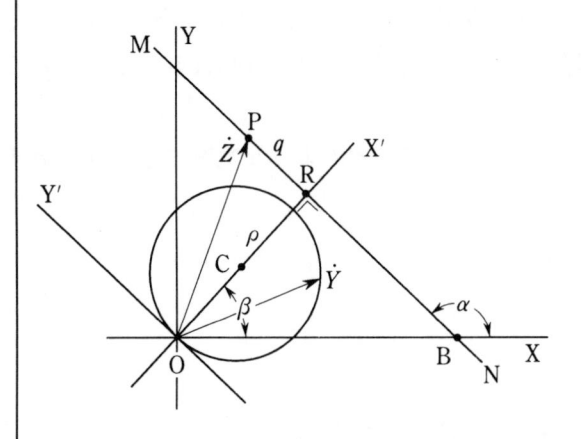

図3·3 任意の直線ベクトル軌跡の逆ベクトル軌跡

これを旧座標系から見ると中心の座標は$(1/2\rho\cos\beta,\ 1/2\rho\sin\beta)$である．この$\dot{Z}$の軌跡としてMN直線が$y=mx+k$の形で与えられ，直線がX軸となす角を$\alpha$とすると，図よりこの場合は$\alpha>90°$で，$\tan\alpha=-m$，$\beta=\alpha-90°$

$$\tan\beta=\tan(\alpha-90°)=-\cot\alpha=-\frac{1}{\tan\alpha}-\frac{1}{m}$$

$$\therefore\ \beta=\arctan\frac{-1}{m}$$

また，$y=0$とすると，$0=-mx+k$，$x=OB=k/m$になり

$$\rho=OR=OB\cos\beta=\frac{k}{m}\frac{1}{\sqrt{1+\tan^2\beta}}=\frac{k}{m}\frac{m}{\sqrt{m^2+1}}=\frac{k}{\sqrt{1+m^2}}$$

というように計算してβやρが求められる．なお，座標軸の回転移動による座標の変換は，既述したように，たとえば新座標系では直線上のP点（$OR=\rho$，$PR=q$）であるが旧座標系では

$$x=\rho\cos\beta-q\sin\beta,\qquad y=\rho\sin\beta+q\cos\beta$$

というようになる．

3·2 複素数の実数部が変化した場合のベクトル軌跡

ある複素数$\dot{Z}=r+jx$の実数部rが$-\infty$から$+\infty$にまで変化したとすると，$\dot{Z}$に対応するベクトルOPの軌跡は，図3·4に示すように，原点OからY軸上にOR=xにとったとき，R点に引いたX軸の平行線，従ってORに直角な水平線MNになる．これはx=ORが一定で，r=PRのみが変化するのだから自からそうなって，図示のようにrが$-\infty$から$+\infty$に増加するのに応じて，P点はMN直線上を左から右へと移動し，$r=0$ではR点にくる．

$\dot{Z}$の逆数ベクトル　次に，この$\dot{Z}$の逆数ベクトル$\dot{Y}$がどのような軌跡になるかを考えてみよう．3·1で記したように

$$\dot{Y}=\frac{1}{\dot{Z}}=\frac{r}{r^2+x^2}-j\frac{x}{r^2+x^2}=g+jb$$

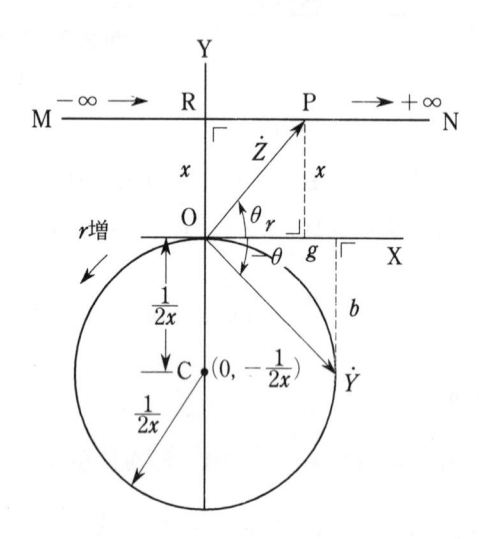

図3·4　実数部が変化したとき

$$\theta'=\angle\text{YOX}=\arctan\frac{-x}{r}=-\theta \quad \text{ただし，}\theta=\angle\text{POX}$$

$$g^2+b^2=\frac{1}{r^2+x^2}=-\frac{b}{x} \quad \therefore \quad \frac{x}{r^2+x^2}=-b$$

$$g^2+b^2+2\frac{1}{2x}b+\left(\frac{1}{2x}\right)^2-\left(\frac{1}{2x}\right)^2=0$$

$$\therefore \quad g^2+\left(b^2+2\frac{1}{2x}\right)^2=\left(\frac{1}{2x}\right)^2$$

$\dot{Y}$のベクトルの軌跡　となるので，$\dot{Y}$のベクトルの軌跡は中心Cの座標が$(0,-1/2x)$である半径$(1/2x)$の円になる．

この一つの例として，図3·2においてリアクタンスxを一定値とし，抵抗rを可変とした場合が考えられるが，通常の電気回路では抵抗の負値は考えられないので，インピーダンス$\dot{Z}$の軌跡はR点より右方の半直線になり，その逆ベクトルであるアド

ミタンス$\dot{Y}$の軌跡はY軸より右半分の半円になる．従って，これに一定電圧$\dot{E}$を加えたときの回路の電流$\dot{I}$の軌跡は**図3・5**に示すように，前図の$\dot{Y}$のベクトル軌跡をE倍した半円になり，中心Cの座標は$(0, -E/2x)$であり，半径は$E/2x$となる．

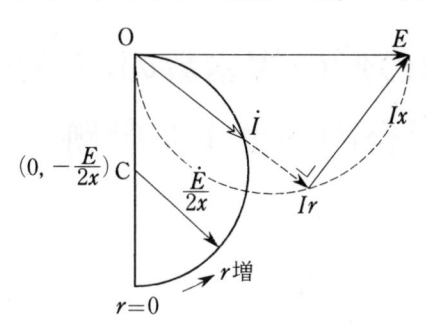

図3・5 可変抵抗回路

3・3 積の形の複素数の虚数部が変化した場合のベクトル軌跡

ある二つの複素数$\dot{Z}_1 = a_1 + jk_1 b$と$\dot{Z}_2 = a_2 + jk_2 b$において，a_1, a_2, k_1, k_2を定数としbが変化した場合，この二つの複素数の積$\dot{Z}_1 \dot{Z}_2$の画く軌跡を求めてみる．

この積は

$$\dot{Z}_1 \dot{Z}_2 = a_1 a_2 - k_1 k_2 b^2 + j(a_1 k_2 + a_2 k_1)b$$

ここで $x = a_1 a_2 - k_1 k_2 b^2$, $y = (a_1 k_2 + a_2 k_1)b$ とおくと

$$y^2 = (a_1 k_2 + a_2 k_1)^2 b^2 = \frac{(a_1 k_2 + a_2 k_1)^2}{k_1 k_2}(a_1 a_2 - x)$$

放物線の方程式 | となり，これは明らかに放物線の方程式であって，$\dot{Z}_1 \dot{Z}_2$のベクトル軌跡は**図3・6**に示すように放物線を画き，図のOA$= a_1 a_2$であり，OBおよびOB′は上式で$x=0$とおいて

$$OB = OB' = (a_1 k_2 + a_2 k_1)\sqrt{\frac{a_1 a_2}{k_1 k_2}}$$

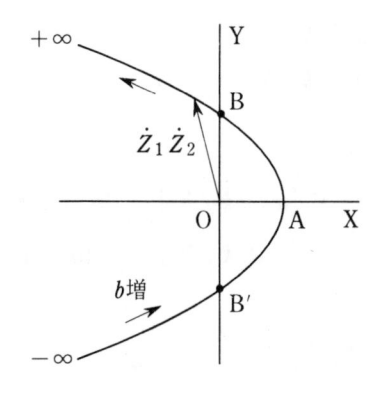

図3・6 積の形の複素数の虚数部が変化したとき

になる．上式で$a_1 = a_2 = a$, $k_1 = k_2 = 1$とおくと，$\dot{Z}_1 \dot{Z}_2 = (a+jb)^2$となり，$(a+jb)^2$において$b$が変化した場合の軌跡は**図3・6**のような放物線になり，OA$= a^2$,

—43—

OB＝OB′＝2a となるので，このときの原点Oは焦点になる．この場合，bが$-\infty$から$+\infty$へと増加すると，P点は放物線の下から上にと移動し，$b=0$でA点にくる．

3・4　商の形の複素数の虚数部が変化した場合のベクトル軌跡

複素数の商の形

$$\frac{\dot{Z}_1}{\dot{Z}_2} = \frac{a_1 + jk_1 b}{a_2 + jk_2 b}$$

において，a_1, a_2, k_1, k_2 を定数とし b が変化した場合，この $(\dot{Z}_1/\dot{Z}_2)$ の画く軌跡を考えてみよう．この商の形は

$$\frac{\dot{Z}_1}{\dot{Z}_2} = \frac{a_1 a_2 + k_1 k_1 b^2}{a_2^2 + k_2^2 b^2} + j\frac{(a_2 k_1 - a_1 k_2)b}{a_2^2 + k_2^2 b^2}$$

となるので，ここで

$$x = \frac{a_1 a_2 + k_1 k_2 b^2}{a_2^2 + k_2^2 b^2}, \quad y = \frac{(a_2 k_1 - a_1 k_2)b}{a_2^2 + k_2^2 b^2}$$

とおいて，

　この式で $b=0$ とおくと $\quad x = \dfrac{a_1}{a_2},\ y = 0$

　$b = \infty$ とおくと $\quad x = \dfrac{k_1}{k_2},\ y = 0$

になるので，原点をX軸上で $\dfrac{1}{2}\left(\dfrac{a_1}{a_2} + \dfrac{k_1}{k_2}\right)$ だけ移動させると

$$X = x - \frac{1}{2}\left(\frac{a_1}{a_2} + \frac{k_1}{k_2}\right) = \frac{a_1 a_2 + k_1 k_2 b^2}{a_2^2 + k_2^2 b^2} - \frac{a_1 k_2 + a_2 k_1}{2a_2 + k_2}$$

$$= \frac{1}{2}\left(\frac{a_1}{a_2} - \frac{k_1}{k_2}\right)\frac{a_2^2 - k_2^2 b^2}{a_2^2 + k_2^2 b^2}$$

そこで，

$$X^2 + y^2 = \frac{1}{4}\left(\frac{a_1}{a_2} + \frac{k_1}{k_2}\right)^2 \frac{\left(a_2^2 - k_2^2 b^2\right)^2}{\left(a_2^2 + k_2^2 b^2\right)^2} + \frac{(a_2 k_1 - a_1 k_2)^2 b^2}{\left(a_2^2 + k_2^2 b^2\right)^2}$$

$$= \left\{\frac{1}{2}\left(\frac{a_1}{a_2} - \frac{k_1}{k_2}\right)\right\}^2$$

従って，この場合の軌跡は図3・7に示すように，

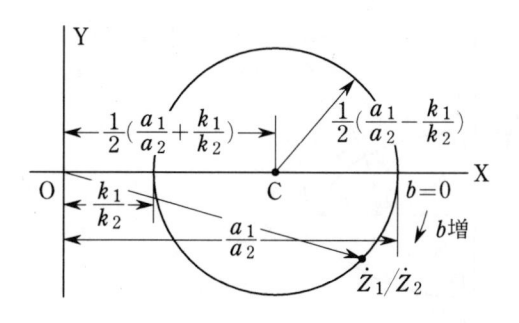

図3·7 商の形の複素数の虚数部が変化したとき

中心Cの座標が $\left\{\dfrac{1}{2}\left(\dfrac{a_1}{a_2}+\dfrac{k_1}{k_2}\right),\ 0\right\}$ で，半径が $\dfrac{1}{2}\left(\dfrac{a_1}{a_2}-\dfrac{k_1}{k_2}\right)$ である円となり b の増加に応じて，$b=0$ の円の右端から時計式方向に移動する．

3·5　複素変数双曲線関数のベクトル軌跡

双曲線関数　双曲線関数については他のテキストで説明しているので，さしづめ次の公式を記憶して頂きたい．——この節はひとまずとばして後で学ばれてもよい——

$$\sinh x = \frac{\varepsilon^x - \varepsilon^{-x}}{2},\quad \cosh x = \frac{\varepsilon^x + \varepsilon^{-x}}{2},\quad \cosh^2 x - \sinh^2 x = 1$$

$$\sin x = \frac{\sinh jx}{j},\quad \sinh jx = j\sin x,\quad \cos x = \cosh jx$$

$$\cosh(x \pm y) = \cosh x \cosh y \pm \sinh x \sinh y$$

$$\sinh(x \pm y) = \sinh x \cosh y \pm \cosh x \sinh y$$

双曲線関数　さて，複素変数をもった双曲線関数 $\cosh(a+jb)$ の a が定数で b が変数であるとき

$$\dot{Z}_1 = \cosh(a+jb) = \cosh a \cosh jb + \sinh a \sinh jb$$
$$= \cosh a \cos b + j \sinh a \sin b$$

となるので，ここで

$x = \cosh a \cos b,\ y = \sinh a \sin b$ とおくと

$$\frac{x^2}{\cosh^2 a} + \frac{y^2}{\sinh^2 a} = \cos^2 b + \sin^2 b = 1$$

楕円の方程式　になり，この式は明かに楕円の方程式であって，$\dot{Z}_1$ のベクトル軌跡は図3·8に示すように楕円を画き長径ABは $2\cosh a$ であり，短径CDは $2\sinh a$ であって，b は $b=0$ のA点から b の増加に応じて反時計式方向に移動する．

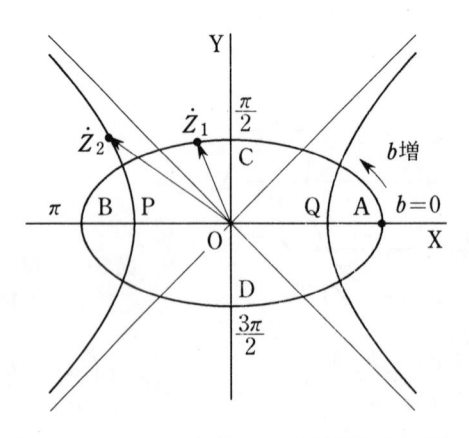

図3・8 複素変数双曲線関数の
ベクトル軌跡

また $a+jb$ の b が定数で a が変数であると,

$$\dot{Z}_2 = \cosh(a+jb) = \cosh a \cos b + j \sinh a \sin b$$

において, $x = \cosh a \cos b$, $y = \sinh a \sin b$ とおくと

$$\frac{x^2}{\cos^2 b} - \frac{y^2}{\sin^2 b} = \cosh^2 a - \sinh^2 a = 1$$

双曲線の方程式 となるが, これは明かに双曲線の方程式であって, 前図に示したように OP = OQ = $\cos b$ になる.

同様にして, $\sinh(a+jb)$ においては

$$\sinh(a+jb) = \sinh a \cosh jb + \cosh a \sinh jb$$
$$= \sinh a \cos b + j \cosh a \sin b$$

となるので, ここで

$$x = \sinh a \cos b, \quad y = \cosh a \sin b$$

とおき, a を定数, b を変数とすると

$$\frac{x^2}{\sinh^2 a} + \frac{y^2}{\cosh^2 a} = \cos^2 b + \sin^2 b = 1$$

となり, b を定数, a を変数とすると,

$$-\frac{x^2}{\cos^2 b} + \frac{y^2}{\sin^2 b} = -\sinh^2 a + \cosh^2 a = 1$$

となって, 上述と同様に楕円および双曲線になる.

3・6 ベクトル軌跡に関する諸定理

ベクトル軌跡については, かってささか研究をしたことがあるので各種の新定理を与えることができるが, ここではごく, 一般的な定理について説明することにしよう. ところで, ここで用いた著者の新しい解折幾何学的な証明手法は従来の幾何学的な手法とちがって一般性があり, 図形位置の決定が厳密に計算できる利点があるので注目されたい.

【定理1】あるベクトル $\dot{Z}$ の軌跡が直線であるとき, その逆ベクトル $\dot{Y} = 1/\dot{Z}$ の軌跡は原点を通る円である.

3・6 ベクトル軌跡に関する諸定理

このことは図3・1および図3・3の説明からも自から明らかであると思うが，ここで，さらに一般的に証明しておこう．

図3・9において，与えられた直線MNが $y = mx + k$ の方程式で示されたとすると，$\tan\alpha = m$ でありX軸上の切片 $\mathrm{OT} = -k/m$ —— 方程式で $y = 0$ とおく ——，この図では OT は正値になっているので，$m = \tan\alpha$ は負値となり，直線の方程式は

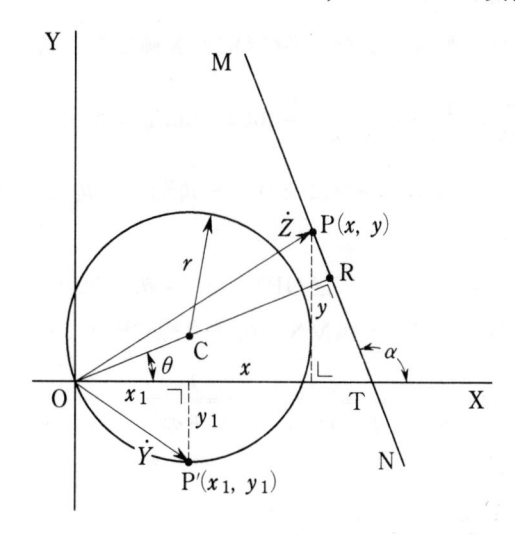

図3・9　$\dot{Z}$ の軌跡が直線だと $1/\dot{Z}$ の軌跡は円になる

$$y = -mx + k \quad (\alpha > 90°)$$

この直線上の任意の点Pをとると，これはベクトル $\dot{Z}$ の軌跡上の1点で，その座標を (x, y) とすると，$\dot{Z} = x + jy$ であらわされる．従って，その逆ベクトル $\dot{Y}$ は

$$\dot{Y} = \frac{1}{\dot{Z}} = \frac{1}{x + jy} = \frac{x}{x^2 + y^2} - j\frac{y}{x^2 + y^2} = x_1 - jy_1$$

ここで，$x_1 = \dfrac{x}{x^2 + y^2}$, $y_1 = \dfrac{y}{x^2 + y^2}$, $x_1^2 + y_1^2 = \dfrac{1}{x^2 + y^2}$

また，$Y^2 = x_1^2 + y_1^2 = \dfrac{x_1}{x} = \dfrac{y_1}{y}$ となるので，

$$x = \frac{x_1}{x_1^2 + y_1^2}, \quad y = \frac{y_1}{x_1^2 + y_1^2}$$

この関係は直線MN軌跡上のどの点 (x, y) でも成立する．逆にいうと $\dot{Z}$ の逆ベクトル $\dot{Y}$ の軌跡上のどの点 (x_1, y_1) でもこの関係が成立し，x, y に関する直線方程式を満足させるので，この関係を前記の直線の方程式に代入すると，

$$\frac{y_1}{x_1^2 + y_1^2} = -m\left(\frac{x_1}{x_1^2 + y_1^2}\right) + k$$

この両辺に $(x_1^2 + y_1^2)$ を乗じて x_1, y_1 について整理すると，

$$x_1^2 - \frac{mx_1}{k} + y_1^2 - \frac{y_1}{k} = 0$$

$$x_1^2 - 2\frac{mx_1}{2k} + \left(\frac{m}{2k}\right)^2 + y_1^2 - 2\frac{y_1}{2k} + \left(\frac{1}{2k}\right)^2 = \left(\frac{m}{2k}\right)^2 + \left(\frac{1}{2k}\right)^2$$

$$\therefore \left(x_1 - \frac{m}{2k}\right)^2 + \left(y_1 - \frac{1}{2k}\right)^2 = \left(\frac{\sqrt{1 + m^2}}{2k}\right)^2$$

となるので、$\dot{Y}$の軌跡をあらわすx_1とy_1の関係は円を画くことになり、中心Cの座標は$(m/2k, 1/2k)$となり、半径rは$\left(\sqrt{1+m^2}/2k\right)$になる。この円が原点を通ることは、

$$\sqrt{\left(\frac{m}{2k}\right)^2 + \left(\frac{1}{2k}\right)^2} = \frac{\sqrt{1+m^2}}{2k} = r \text{（半径）}$$

となることからも明かである。また、半径OCがX軸となす角をθとすると、

$$\tan\theta = \frac{1/2k}{m/2k} = \frac{1}{m} = \frac{1}{-\tan\alpha} = -\cot\alpha = \tan(\alpha - 90°)$$

従って、この場合は、$\theta = \alpha - 90°$になり、三角形の外角$\angle RTX = \alpha$は、その内対角の和に等しいので

$$\alpha = \theta + \angle ORT \quad \therefore \quad \angle ORT = \alpha - \theta = 90°$$

になる。従って、円の中心Cは直線MNへの垂直線OR上にある。また、

$$\overline{OR} = \overline{OT}\cos\theta = \frac{k}{m} \times \frac{1}{\sqrt{1+(1/m)^2}} = \frac{k}{\sqrt{1+m^2}}$$

$$\overline{OC} \cdot \overline{OR} = \frac{\sqrt{1+m^2}}{2k} \times \frac{k}{\sqrt{1+m^2}} = \frac{1}{2}$$

となり、$\overline{OC} = 1/2 \times \overline{OR}$となって、図3・1および図3・3の正しいことが再確認できる。

> 【定理2】あるベクトル$\dot{Z}$の軌跡が原点を通る円であるとき、その逆ベクトル$\dot{Y} = 1/\dot{Z}$の軌跡は直線である。

この定理は定理1の逆をいっているわけであるが、定理1で直線上の1点は円上の1点に必ず対応し、1対1の対応関係にあるので、この場合、可逆関係の成立することは証明を待つまでもないが、念のためその労をとることにしよう。

与えられたベクトル$\dot{Z}$の軌跡が、中心Cの座標が(a, b)で半径がrの円を画くとき、その方程式は

$$(x-a)^2 + (y-b)^2 = r^2$$

になり、円が原点Oを通るというのだから図3・10に示すように、$a^2 + b^2 = r^2$の関係がある。いま、円上の任意の1点P(x, y)を取り、$\dot{Z} = x + jy$とし、この逆ベクトルを$\dot{Y} = 1/\dot{Z}$とし、これに対応するP′点の座標を(x_1, y_1)とすると両者の間には前に求めたように、

$$x = \frac{x_1}{x_1^2 + y_1^2}, \qquad y = \frac{y_1}{x_1^2 + y_1^2}$$

の関係があって、円周上のどの点においても、この関係が成立するので、このx, yの値を前の円の式に代入すると

$$\left(\frac{x_1}{x_1^2 + y_1^2} - a\right)^2 + \left(\frac{y_1}{x_1^2 + y_1^2} - b\right)^2 = r^2$$

$$\frac{x_1^2 + y_1^2}{(x_1^2 + y_1^2)^2} - \frac{2(ax_1 + by_1)}{x_1^2 + y_1^2} + a^2 + b^2 = r^2$$

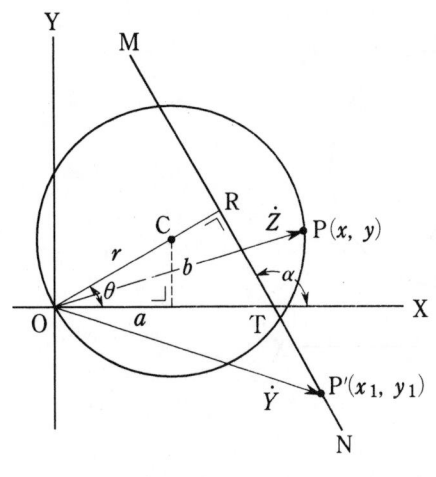

3・6 ベクトル軌跡に関する諸定理

図3・10 $\dot{Z}$の軌跡が原点を通る円だと $1/\dot{Z}$の軌跡は直線になる

ここで，$a^2+b^2=r^2$の関係を用い，両辺に$x_1^2+y_1^2$を乗ずると

$$1-2(ax_1+by_1)=0$$

$$\therefore \quad y_1=-\frac{a}{b}x_1+\frac{1}{2b}$$

となる．このx_1とy_1の関係は直線をあらわし，$\dot{Y}$のベクトル軌跡は直線MNとなることが分る．また，図上から明らかなように，

$$-\frac{a}{b}=-\cot\theta=\tan(\theta+90°)=\tan\alpha$$

したがって，$\alpha=\theta+90°=\theta+\angle\text{ORT}$ $\therefore$ $\angle\text{ORT}=90°$

なお，直線のX軸上の切片は前式で$y_1=0$とおいて，

$$\overline{\text{OT}}=x_1=1/2a, \quad \overline{\text{OR}}=\overline{\text{OT}}\cos\theta=\frac{1}{2a}\times\frac{a}{r}=\frac{1}{2r}$$

あるいは$r=1/2\times\overline{\text{OR}}$となり，前定理と同一の関係にあることが分る．

【定理3】あるベクトル$\dot{Z}$の軌跡が原点を通らない円であるとき，その逆ベクトル $\dot{Y}=1/\dot{Z}$の軌跡もまた円である．

あるベクトル$\dot{Z}$の軌跡が中心Cの座標が(a,b)，半径がrの円を画くとき，その方程式は前と同様に

$$(x-a)^2+(y-b)^2=r^2$$

になり，円が原点を通らないのだから，図3・11のように$a^2+b^2\neq r^2$になる．いま，この円周上の任意の1点P(x,y)をとり，$\dot{Z}=x+jy$とし，この逆ベクトルを$\dot{Y}=1/\dot{Z}$とし，これに対応するP′点の座標を(x_1,y_1)とすると，両者の間には再々述べたように

$$x=\frac{x_1}{x_1^2+y_1^2}, \quad y=\frac{y_1}{x_1^2+y_1^2}$$

の関係があって，円周上のどの点においても，この関係が成立するので，このx, yの値を前の円の式に代入すると，この関係にしばられながら動くx_1, y_1の関係が明らかになる．さて前の定理のところで求めたように，

$$1-2ax_1-2by_1=-R(x_1^2+y_1^2)$$

−49−

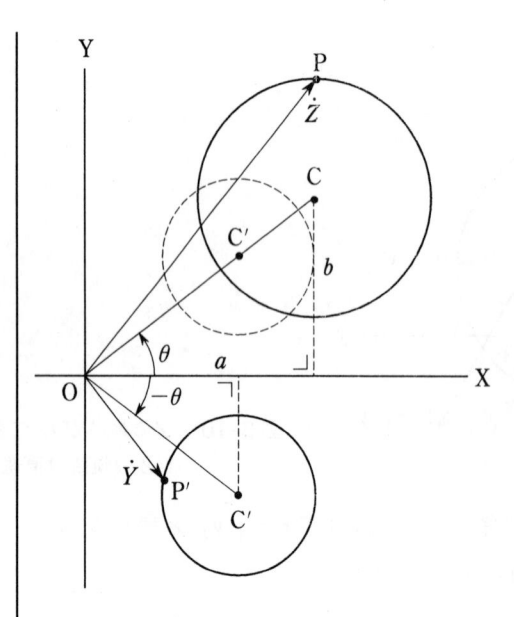

図3·11 $\dot{Z}$の軌跡が原点を通らない円だと$1/\dot{Z}$の軌跡は円になる

ただし，$(a^2+b^2)>r^2$ とし $R=a^2+b^2-r^2$ とした

$$x_1^2 - \frac{2ax_1}{R} + y_1^2 - \frac{2by_1}{R} = -\frac{1}{R}$$

$$\left(x_1-\frac{a}{R}\right)^2 + \left(y_1-\frac{b}{R}\right)^2 = \left(\frac{a}{R}\right)^2 + \left(\frac{b}{R}\right)^2 - \frac{1}{R} = \left(\frac{r}{R}\right)^2$$

となる．このx_1とy_1の関係は円をあらわし，$\dot{Y}$のベクトルの軌跡は中心の座標Cが$(a/R, b/R)$，半径がr/Rなる円になる．また，$(a^2+b^2)<r^2$とすると中心の座標が$(-a/R, -b/R)$になり，$a^2+b^2=r^2$（原点を通る円）になると円の半径は無限大，すなわち直線となって前の定理の場合になる．また，$x=x_1/(x_1^2+y_1^2)$, $y=-y_1/(x_1^2+y_1^2)$とおくと，

$$1 + 2by_1 - 2ax_1 = -R(x_1^2+y_1^2)$$

ただし，$R=(a^2+b^2)-r^2>0$とする．

となって円の方程式は次のようになる．

$$\left(x_1-\frac{a}{R}\right)^2 + \left(y_1+\frac{b}{R}\right)^2 = \left(\frac{r}{R}\right)^2$$

となり，中心の座標は$(a/R, -b/R)$になる．また，図からも明かなように

$$\angle COX = \angle C'OX = \tan(b/a) = \theta$$

になる．なお，このことは図3·12のようにして証明できる．すなわち，図において，$\dot{Z}$の軌跡が中心をCとし直径ABの円を画くものとし，その円周上に任意のP点をとる．一方，$\angle A'OX = \angle BOX = \theta$，$\angle POX = \angle P'OX = \alpha$となるように，OA'およびOP'を引いて，

$$OP' = \frac{1}{OP}, \quad OA' = \frac{1}{OA}, \quad OB' = \frac{1}{OB}$$

になるように作図すると，

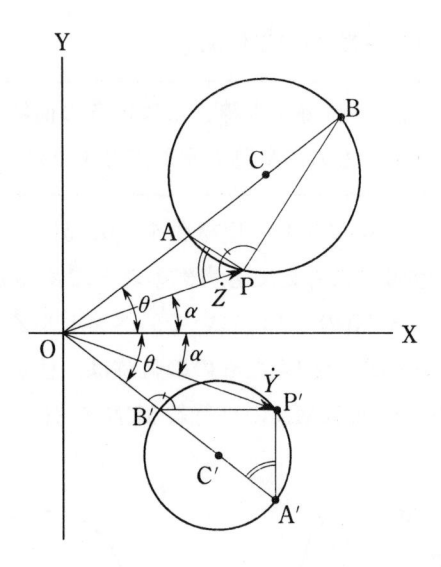

3·6 ベクトル軌跡に関する諸定理

図 3·12 同上の幾何学的証明

$$\frac{\mathrm{OP'}}{\mathrm{OA'}} = \frac{\mathrm{OA}}{\mathrm{OP}}, \quad \angle \mathrm{P'OA'} = \angle \mathrm{AOP} = \theta - \alpha$$

となり，二つの辺がそれぞれ比例し挟む角が等しいので，△OP'A'∽△OAP になり，対応する辺に対する角は相等しく ∠OA'P' = ∠APO になる．同様に，

$$\frac{\mathrm{OP'}}{\mathrm{OB'}} = \frac{\mathrm{OB}}{\mathrm{OP}}, \quad \angle \mathrm{P'OB'} = \angle \mathrm{BOP}$$

したがって，△OP'B'∽△OBP になり，∠P'B'O = ∠BPO

$$\therefore \quad \angle \mathrm{A'P'B'} = \angle \mathrm{P'B'O} - \angle \mathrm{OA'P'} = \angle \mathrm{BPO} - \angle \mathrm{APO} = \llcorner \mathrm{R}$$

となり，P' は A'B' を直径とする円上の点になる —— 直径の上に立つ円周角は直角（⌐R）になり，これを半円角は直角であるという ——．

この原点 O から A, B, C および A', B', C' に至る長さを l_A, l_B, l_C および $l_{A'}, l_{B'}, l_{C'}$ とし，それぞれの円の半径を r および r' とすると，

$$l_A' = \frac{1}{l_A}, \quad l_B' = \frac{1}{l_B}, \quad l_A = l_C - r, \quad l_B = l_C + r$$

したがって， $r' = \frac{1}{2}(l_A' - l_B') = \frac{1}{2}\left(\frac{1}{l_C - r} - \frac{1}{l_C + r}\right) = \frac{r}{l_C^2 - r^2}$

ここで，C 点の座標を (a, b) とおくと， $l_C^2 = a^2 + b^2$ となり，

$$r' = \frac{r}{(a^2 + b^2) - r^2} = \frac{r}{R}, \quad \text{ただし，} R = (a^2 + b^2) - r^2$$

また，

$$l_C' = l_B' + r' = \frac{1}{l_C + r} + \frac{r}{l_C^2 - r^2} = \frac{l_C}{l_C^2 - r^2} = \frac{\sqrt{a^2 + b^2}}{R}$$

となるので，C' 点の座標は

$$l_C' \cos(-\theta) = \frac{\sqrt{a^2 + b^2}}{R} \times \frac{a}{\sqrt{a^2 + b^2}} = \frac{a}{R}$$

$$l_C' \sin(-\theta) = -\left(\frac{\sqrt{a^2 + b^2}}{R} \times \frac{b}{\sqrt{a^2 + b^2}}\right) = -\frac{b}{R}$$

3 ベクトル軌跡の研究

となって何れも前に求めた結果と一致する．

> 【定理4】あるベクトル$\dot{Z}_1$の軌跡が直線または任意の曲線を画くとき，これに不変ベクトル$\dot{Z}_2$を加減したものの軌跡もまた直線または同形の曲線を画く．

これは加減した$\dot{Z}_2 = a + jb$に対し，座標軸を(a, b)だけ移動するともとの直線または曲線になるので常識的に考えても当然のことであるが，一応の説明を加えることにしよう．さて，図3・13の(a)において，ベクトル$\dot{Z}$の軌跡が直線MNであるとき，これに不変ベクトル$\dot{Z}_2$を加えたものの軌跡は，任意の$\dot{Z}_1$に$\dot{Z}_2$を加え，$\dot{Z}_0 = \dot{Z}_1 + \dot{Z}_2$を作り$\dot{Z}_0$の矢頭を通るMNの平行線M'N'を引くと，これがその軌跡になる．

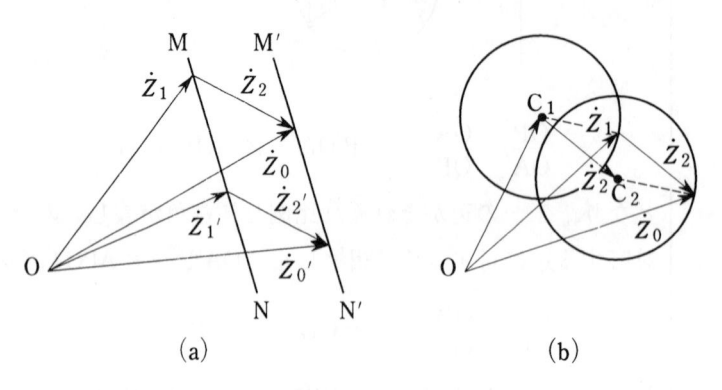

図3・13 不変ベクトルを加減したとき

これは$\dot{Z}_1$に対し$\dot{Z}_1{}'$を引いて$\dot{Z}_2$を加えて$\dot{Z}_0{}'$を作ると，二つの$\dot{Z}_2$は値相等しく平行だから平行四辺形になり，M'N'はMNと平行になることからも明らかであるが，また，$\dot{Z}_1$のベクトル軌跡を$y = mx + k$なる直線としたとき，これに$\dot{Z}_2 = a + jb$を加減すると，直線軌跡上の任意の1点(x, y)に対し$(x_1 = x \pm a, y_1 = y \pm b)$となり，したがって$x = x_1 \mp a, y = y_1 \mp b$となるので，これを前の直線の式に入れると

$$y_1 \mp b = m(x_1 \mp a) + k$$
$$y_1 = mx_1 + k \mp ma \pm b$$

となって，不変ベクトル$\dot{Z}_2 = a + jb$を加えた結果としてのy_1, x_1も直線関係になり，X軸に対する傾角は前と同じく$\alpha = \arctan m$で，前の直線軌跡に平行で，X軸上の切片が$\left(-\dfrac{k}{m} \pm a \mp \dfrac{b}{m}\right)$である直線になる．

また，図3・13(b)のように$\dot{Z}_1$の軌跡が中心C_1の円を画くとき，これに不変ベクトル$\dot{Z}_2$を加えたものの軌跡は，OC_1に$\dot{Z}_2$を加え，その矢頭を中心C_2とする同一半径の円になる．このことは図の二つの$\dot{Z}_2$を対辺とする平行四辺形について考えると自から明らかであるが，今，$\dot{Z}_2 = p + jq$とし，これを$\dot{Z}_1$に加減すると，前の円軌跡上の任意の1点(x, y)に対し，前と同様に$(x_1 = x \pm p, y_1 = y \pm q)$となり，前の円の方程式$(x - a)^2 + (y - b)^2 = r^2$に対し

$$\{x_1 - (a \pm p)\}^2 + \{y_1 - (b \pm q)\}^2 = r^2$$

になって，中心の座標が$C_1(a, b)$の前の円に対し，中心の座標が$C_2(a \pm p, b \pm q)$となり，中心が$\dot{Z}_2 = \pm(p + jq)$だけ移動することからも明らかである．

−52−

3・6 ベクトル軌跡に関する諸定理

【定理5】あるベクトル$\dot{Z}_1$の軌跡が直線でX軸と傾角αをなすとき，これに不変ベクトル$\dot{Z}_2=Z_2\varepsilon^{\pm j\varphi}$を乗じたものの軌跡もまた直線を画く．ただし，X軸との傾角は$(\alpha\pm\varphi)$になる．

図3・14に示すように，あるベクトル$\dot{Z}_1$の軌跡がX軸とα角をなす直線MNで，その方程式が$\tan\alpha=m$として$y=mx+k$で与えられたとき，これに不変ベクトル

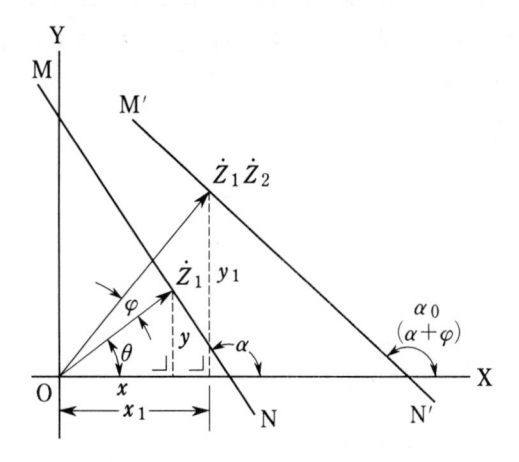

図3・14 直線軌跡に不変ベクトルを乗ずる

$$\dot{Z}_2=Z_2\varepsilon^{j\varphi}=Z_2\cos\varphi+jZ_2\sin\varphi$$
$$=p+jq$$
$$\tan\varphi=\frac{q}{p}$$

を乗じたものは$\dot{Z}_1\dot{Z}_2=(Z_1\varepsilon^{j\theta})(Z_2\varepsilon^{j\varphi})=Z_1Z_2\varepsilon^{j(\theta+\varphi)}$になり，その座標を$(x_1, y_1)$とすると図から明らかなように，

$$x_1=Z_1Z_2\cos(\theta+\varphi)=Z_1Z_2\cos\theta\cos\varphi-Z_1Z_2\sin\theta\sin\varphi=px-qy$$
$$y_1=Z_1Z_2\sin(\theta+\varphi)=Z_1Z_2\sin\theta\cos\varphi+Z_1Z_2\cos\theta\sin\varphi=py+qx$$

この2式からx, yを求めると

$$x=\frac{px_1+qy_1}{p^2+q^2}, \quad y=\frac{-qx_1+py_1}{p^2+q^2}$$

これを与えられた直線の方程式に代入すると

$$\frac{-qx_1+py_1}{p^2+q^2}=m\frac{px_1+qy_1}{p^2+q^2}+k$$

これをy_1とx_1について整理すると，

$$y_1=\frac{mp+q}{p-mq}x_1+k\frac{p^2+q^2}{p-mq}$$

この式より明らかなように$\dot{Z}_1\dot{Z}_2$をあらわすx_1とy_1の関係も直線をあらわす方程式となり，X軸となす角をα_0とすると

$$\tan\alpha_0=\frac{mp+q}{p-mq}=\frac{m+\frac{q}{p}}{1-m\frac{q}{p}}=\frac{\tan\alpha+\tan\varphi}{1-\tan\alpha\tan\varphi}=\tan(\alpha+\varphi)$$

$$\therefore \quad \alpha_0=\alpha+\varphi$$

上式から明らかなように，前のMN直線のX軸上の切片は$(-k/m)$であったが，この

M'N'直線のX軸上の切片は $-k(p^2+q^2)/(mp+q)$ となる.

> **【定理6】** あるベクトル$\dot{Z}_1$の軌跡が円で中心C_1の座標が$(a+jb)$であるとき,これに不変ベクトル$\dot{Z}_2=p+jq$を乗じたものの軌跡も円を画く.ただし,その中心C_2の座標は$(a+jb)(p+jq)$となり,その半径は前の円のZ_2倍になる.

図3・15に示したように,あるベクトル$\dot{Z}_1$の軌跡が中心を$C_1(a, b)$とする半径rの円であるとき,その方程式は

$$(x-a)^2+(y-b)^2=r^2$$

によって与えられる.

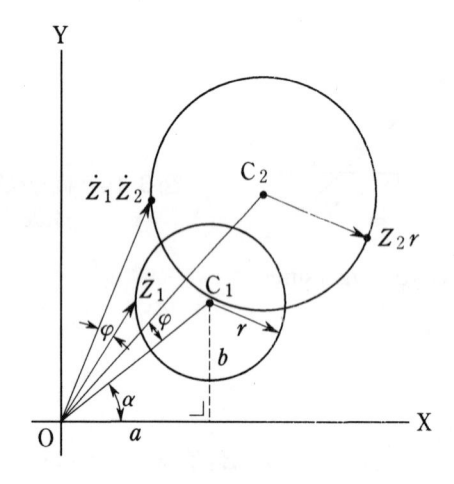

図3・15　円軌跡に不変ベクトルを乗ずる

この$\dot{Z}_1$に不変ベクトル$\dot{Z}_2=Z_2\varepsilon^{j\varphi}=p+jq$を乗じたものの座標を$(x_1, y_1)$とすると前に求めたように,

$$x=\frac{px_1+qy_1}{p^2+q^2}, \quad y=\frac{-qx_1+py_1}{p^2+q^2}$$

の関係があるので,これを上記の円の方程式に代入すると,

$$(px_1+qy_1-aZ_2^2)^2+(-qx_1+py_1-bZ_2^2)^2=r^2Z_2^4$$

ただし$Z_2^2=p^2+q^2$とおいた.

これを展開して, x_1, y_1について整理すると

$$\{x_1-(ap-bq)\}^2+\{y_1-(ap+bq)\}^2=(rZ_2)^2$$

となり,この式から明らかなように,この場合,$\dot{Z}_1\dot{Z}_2$をあらわすx_1, y_1の関係も円をあらわす方程式になり,その中心の座標は明らかに$(a+jb)(p+jq)=(ap-bq)+j(ap+bq)$になる.ということは$OC_1=\sqrt{a^2+b^2}$に対し, $OC_2=\sqrt{a^2+b^2}\times\sqrt{p^2+q^2}$になり,かつ,$\angle C_1OX=\alpha$に対し, $\angle C_2OX=\alpha+\varphi$ —— 何故なら $a+jb=\sqrt{a^2+b^2}\varepsilon^{j\alpha}$とし, $p+jq=\sqrt{p^2+q^2}\varepsilon^{j\varphi}$とすると両者の積は $\sqrt{a^2+b^2}\sqrt{p^2+q^2}\varepsilon^{j(\alpha+\varphi)}$になる.

また,その半径は $Z_2=\sqrt{p^2+q^2}$ 倍になっている.

4 ベクトル軌跡の例題

【例題1】 図4・1の交流回路の端子AB間に一定電圧Eを加え，コンダクタンスg_0，サセプタンスb_0，リアクタンスxを一定値とし抵抗rを変化させた場合，端子に流入する電流I_0のベクトル軌跡を求めよ．

I_0のベクトル軌跡

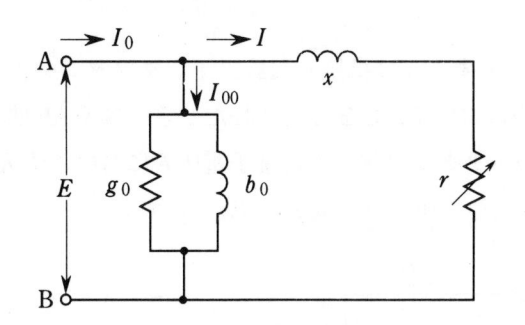

図4・1 流入電流のベクトル軌跡

【解答】 これは3相誘導電動機の1相をあらわしたL形等価回路であって，I_0のベクトル軌跡は誘導電動機の諸特性をあらわす円線図を画く基礎になる．さて，励磁電流の回路をあらわすg_0，b_0について考えると，そのインピーダンスは$\dot{Z}=r+jx$になり虚数部のxが一定で実数部のrが変化するので，$\dot{Z}$のベクトル軌跡は既述したように図4・2の半直線RNのようになる．従ってその逆数としてのアドミタンス$\dot{Y}$は

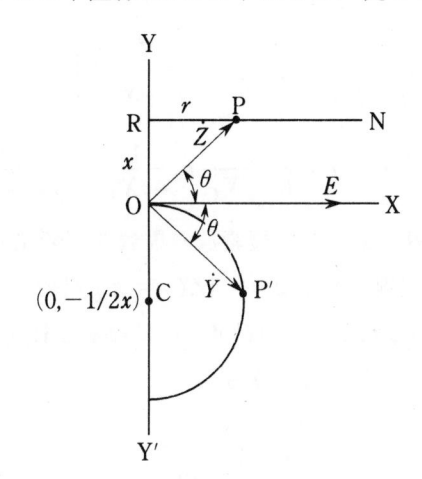

図4・2 $\dot{Z}$と$\dot{Y}$の軌跡

$$\dot{Y}=\frac{1}{r+jx}=\frac{r}{r^2+x^2}-j\frac{x}{r^2+x^2}=g-jb$$

$$g^2+b^2=-\frac{b}{x}, \quad g^2+\left(b+\frac{1}{2x}\right)^2=\left(\frac{1}{2x}\right)^2$$

$\dot{Y}$の軌跡

となるので，$\dot{Y}$の軌跡は中心Cが$(0, -1/2x)$で半径が$1/2x$の半円になり原点Oを通る．このr, xに流れる電流$\dot{I}$の軌跡は$\dot{I}=E\dot{Y}$となって，$\dot{Y}$の軌跡をE倍したものになる．この負荷電流$\dot{I}$にg_0，b_0に流れる励磁電流$\dot{I}_{00}$を加えたものが端子に流入する全電流$\dot{I}_0$になるので，図4・3のような半円になる．

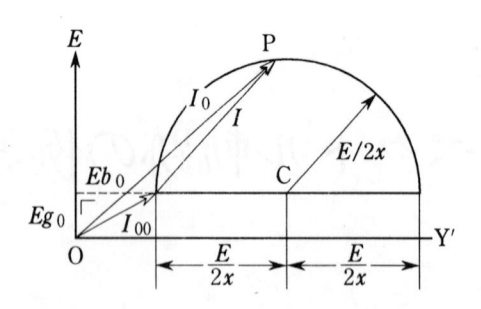

図4·3 I_0の軌跡

ただし，$\dot{I}_{00} = E(g_0 - jb_0) = Eg_0 - jEb_0$ であり，$\dot{I}_0 = \dot{I}_{00} + \dot{I}$ となり，全アドミタンスの軌跡は $(g_0 - jb_0)$ と $\dot{Y}$ の合成になる．このことは〔例題3, 4〕でさらに研究しよう．

【例題2】 図4·4に示すように抵抗 r〔Ω〕，インダクタンス L〔H〕，静電容量 C〔F〕からなる交流回路において，C を可変としたときの端子AB間のインピーダンスおよびアドミタンスのベクトル軌跡と一定端子電圧 E における流入電流 I のベクトル軌跡を画け．ただし，供給電圧の周波数を f〔Hz〕とする．

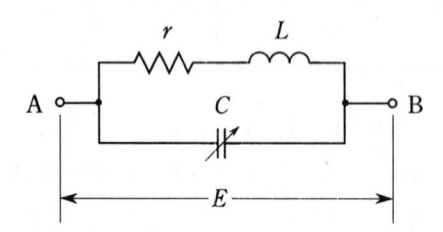

図4·4 Cを変化させたときの $\dot{Z}, \dot{Y}$ の軌跡

【解答】 今，$X_L = 2\pi fL = \omega L$，$X_C = 1/2\pi fC = 1/\omega C$ とすると，AB間のアドミタンス $\dot{Y}$ は

$$\dot{Y} = g + jb = \frac{r}{r^2 + X_L^2} + j\left(\frac{1}{X_C} - \frac{X_L}{r^2 + X_L^2}\right)$$

ただし，C の回路では $\quad Y = \dfrac{1}{0 - jX_C} = \dfrac{1}{-jX_C} = \dfrac{j}{j \times (-j)X_C} = j\dfrac{1}{X_C}$

$\dot{Y}$のベクトル軌跡

ここで変数は X_C のみであって，複素数の虚数部が変化する場合に相当し，$\dot{Y}$ のベクトル軌跡は図4·5の直線MNになり，$1/X_C = X_L/(r^2 + X_L^2)$ で，ベクトル $\dot{Y}$ の先頭はR点になり，X_C がこれより大（C が小）になるとP点は下方に移動し，X_C がこれより小（C が大）になると上方に移る．

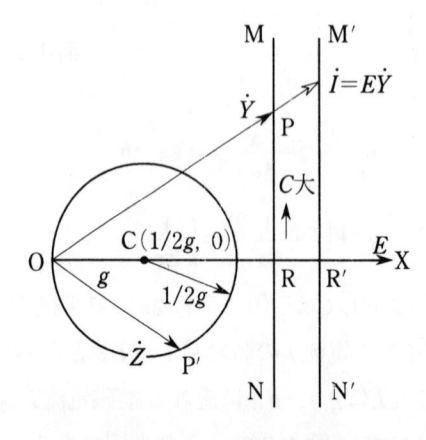

図4·5 $\dot{Z}$ と $\dot{Y}(\dot{I})$ の軌跡

従って，一定電圧 E における $\dot{I}$ の軌跡は $\dot{I} = E\dot{Y}$ になり，$\dot{Y}$ を E 倍したもので，$\dot{I}$ の

4 ベクトル軌跡の例題

軌跡は図のM′N′のようにMNの平行線になる．また，上述から明らかなように

$$\text{OR} = \frac{r}{r^2 + X_L^2}, \quad (\dot{Y}\text{の虚数部が}0\text{となる})$$

インピーダンスの軌跡

になる．この$\dot{Y}$に対するインピーダンスの軌跡は直線軌跡の逆となるので原点を通る円になる．念のために求めてみると

$$\dot{Z} = \frac{1}{\dot{Y}} = \frac{1}{g+jb} = \frac{g}{g^2+b^2} - j\frac{b}{g^2+b^2} = r_0 - jx_0$$

$$r_0^2 + x_0^2 = \frac{1}{g^2+b^2} = \frac{r_0}{g}$$

$$\therefore \quad \frac{g}{g^2+b^2} = r_0 \quad \text{より} \quad \frac{1}{g^2+b^2} = \frac{r_0}{g}$$

従って上式は $\left(r_0 - \frac{1}{2g}\right)^2 + x_0^2 = \left(\frac{1}{2g}\right)^2$

となる．故に$\dot{Z}$の軌跡は中心Cの座標が（1/2g, 0）半径が1/2gの円になる．ここに，

$$\frac{1}{2g} = \frac{1}{2\dfrac{r}{r^2+X_L^2}} = \frac{r^2+\omega^2L^2}{2r} = \frac{1}{2\overline{\text{OR}}}$$

$$r_0 = \frac{g}{g^2+b^2} = \frac{r}{\omega^2C^2r^2 + (\omega^2LC-1)^2}$$

$$x_0 = \frac{b}{g^2+b^2} = \frac{\omega\{Cr^2 + L(\omega^2LC-1)\}}{\omega^2C^2r^2 + (\omega^2LC-1)^2}$$

さて，直列回路では$\dot{Z}$のベクトル軌跡を先に求めて$\dot{Y}$のベクトル軌跡に及ぶのが原則であるが，このような並列回路ではその反対で$\dot{Y}$のベクトル軌跡を求めてから$\dot{Z}$のベクトル軌跡に及ぶ．

例えば，図4·6のようなrとLの並列回路では，そのインピーダンスは

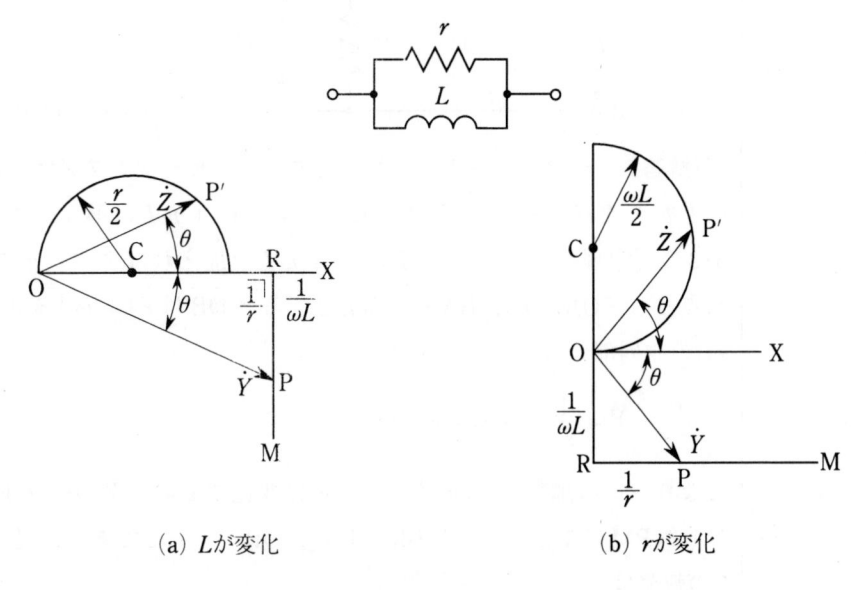

(a) Lが変化　　　　　(b) rが変化

図4·6　並列回路では$\dot{Y}$の軌跡を求める

$$\dot{Z} = \frac{j\omega L r}{r + j\omega L} = \frac{\omega^2 L^2 r}{r^2 + \omega^2 L^2} + j\frac{\omega L r^2}{r^2 + \omega^2 L^2}$$

となるが，r を可変または L を可変としても，この $\dot{Z}$ のベクトル軌跡を求めることは容易でない．ところがアドミタンス

$$\dot{Y} = \frac{1}{r} - j\frac{1}{\omega L} = g - jb$$

ただし，ωL の回路では

$$\dot{Y} = \frac{1}{0 + j\omega L} = \frac{-j}{-j \times j\omega L} = -j\frac{1}{\omega L}$$

$\dot{Y}$ のベクトル軌跡

となり，L を可変としても r を可変としても図のような直線 RM として $\dot{Y}$ のベクトル軌跡が容易に画かれる．従って，その逆ベクトルである $\dot{Z}$ の軌跡は直線軌跡の逆で原点 O を通る円になる．すなわち(a)図では

$$\dot{Z} = \frac{1}{\dot{Y}} = \frac{1}{g - jb} = \frac{g}{g^2 + b^2} + j\frac{b}{g^2 + b^2} = r_0 + jx_0$$

$$r_0^2 + x_0^2 = \frac{r_0}{g}, \qquad \left(r_0 - \frac{1}{2g}\right)^2 + x_0^2 = \left(\frac{1}{2g}\right)^2$$

となり，中心 C は $(1/2g, 0)$，半径は $1/2g$（$r/2$）の円となり，同様に(b)図では

$$r_0^2 + x_0^2 = \frac{x_0}{b}, \qquad r_0^2 + \left(x_0 - \frac{1}{2b}\right)^2 = \left(\frac{1}{2b}\right)^2$$

となり，中心は $(0, 1/2b)$，半径は $1/2b$（$\omega L/2$）の円になる．

【例題3】 図4・7のような抵抗 r_1, r_2〔Ω〕，インダクタンス L〔H〕，静電容量 C〔F〕からなる回路の端子 AB 間に f〔Hz〕の正弦波交流電圧 E〔V〕を加え，C を変化させたときの流入電流 I のベクトル軌跡を画け．

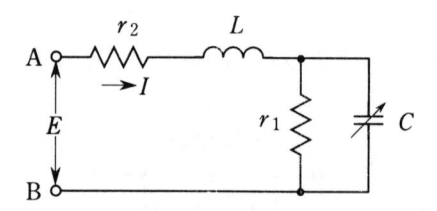

図4・7 C が可変，$\dot{I}$ の軌跡

【解答】 r_1 と $\omega C = 2\pi f C$ が形成するインピーダンス $\dot{Z}$ は可変ベクトルであるが，r_2 と $\omega L = 2\pi f L$ が形成するインピーダンス $r_2 + j\omega L$ は不変ベクトルである．従って，3・6の〔定理4〕によって，$\dot{Z}$ に $r_2 + j\omega L$ を加えればよい．そこで，図4・8でO点を原点とし，$\mathrm{OA} = r_2$, $\mathrm{BA} = +j\omega L$ とすると $\overrightarrow{\mathrm{OB}}$ は $r_2 + j\omega L$ をあらわす．さて，r_1 と ωC の並列部分のアドミタンスは

$$\dot{Y} = \frac{1}{r_1} + j\omega C = g + jb$$

$\dot{Y}$ のベクトル軌跡

となり，この虚数部分 ωC が 0 より ∞ に変化するので $\dot{Y}$ のベクトル軌跡は図のような半直線 RM になる．ただし $\mathrm{BR} = 1/r_1$, $\mathrm{QR} = +j\omega C$ である．従って，$\dot{Y}$ の逆ベクトル $\dot{Z}$ の軌跡は

4 ベクトル軌跡の例題

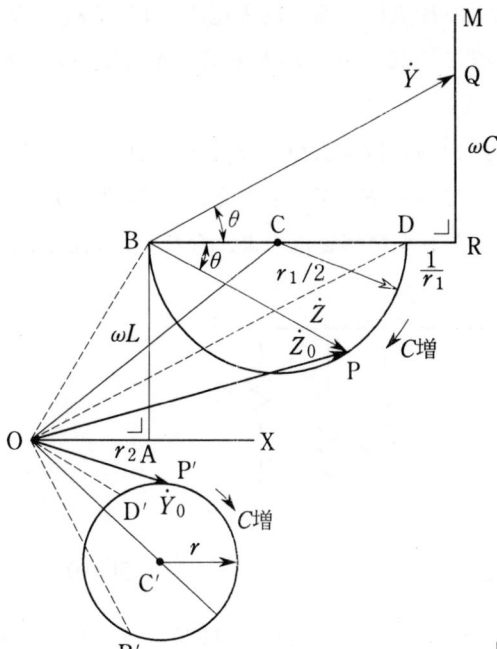

図4·8 $\dot{Y}_0(\dot{I})$ のベクトル軌跡

$$r_0^2 + x_0^2 = \frac{r_0}{g}$$

$$\left(r_0 - \frac{1}{2g}\right)^2 + x_0^2 = \left(\frac{1}{2g}\right)^2$$

となり，B点を原点と考えると中心Cの座標は $(1/2g, 0)$ 半径 $1/2g$ $(r_1/2)$ なる円となる．この $\dot{Z}$ と $r_2+j\omega L$ のベクトル和 $\overrightarrow{OP}$ がAB間の合成インピーダンス $\dot{Z}_0$ をあらわすベクトルになり，その軌跡はCを中心とした半径 $r_1/2$ の半円になる．さて，このC点を原点Oから見ると

C点の座標は　$OA+BC = r_2 + \dfrac{r_1}{2} = a$,　$AB = \omega L = b$

になる．この $\dot{Z}_0$ の逆ベクトル $\dot{Y}_0 = 1/\dot{Z}_0$ がAB端子から見た合成アドミタンスで，そのベクトル軌跡は3·6の〔定理3〕によって円になり，その中心をC′とすると，この場合の

$$R = a^2 + b^2 - r^2 = \left(r_2 + \frac{r_1}{2}\right)^2 + \omega^2 L^2 - \left(\frac{r_1}{2}\right)^2 = r_2^2 + r_1 r_2 + \omega^2 L^2$$

$$= Z_2^2 + r_1 r_2$$

ただし，$Z_2^2 = r_2^2 + j\omega^2 L^2$

になるので，

C′の座標　$\dfrac{a}{R} = \dfrac{r_2 + r_1/2}{Z_2^2 + r_1 r_2}$,　$-\dfrac{b}{R} = -\dfrac{\omega L}{Z_2^2 + r_1 r_2}$

もちろん，$\angle COX = \angle C'OX = \arctan \omega L/(r_2 + r_1/2)$ になる．

C′円の半径　$\dfrac{r}{R} = \dfrac{r_1/2}{Z_2^2 + r_1 r_2}$

になり，この円周上に $\angle B'OX = \angle BOX$, $\angle D'OX = \angle DOX$ にB′，D′をとると，$C=0$ のD点からCの増加に応ずる $\dot{Y}_0$ の変化がD′から時計式方向に増して，Cの∞に対

するB点に応ずる$\dot{Y}_0$のB'点に至る．流入電流は$\dot{I}=E\dot{Y}_0$になるので，この$\dot{Y}_0$の軌跡が$\dot{I}$の変化をあらわすことになり，$\dot{Y}_0$をE倍すると電流$\dot{I}$をあらわすことになる．

【例題4】 図4・9において抵抗をr_1, r_2, r_3〔Ω〕，インダクタンスをL_1, L_2〔H〕とし，AB端子上に一定電圧$\dot{E}$〔V〕を加え，r_2の値を0から∞まで変化した場合の流入電流$\dot{I}$〔A〕のベクトル軌跡を求めよ．ただし，周波数をf〔Hz〕とする．

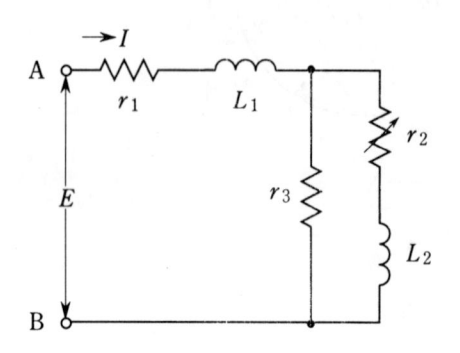

図4・9 r_2が可変，$\dot{I}$の軌跡

【解答】 前例と同様にして解く．図4・10でまず，Oを原点として$\dot{Z}_1 = r_1 + j\omega L_1$（$\omega = 2\pi f$）をOA $= r_1$, AB $= \omega L_1$とすると$\overrightarrow{\mathrm{OB}} = \dot{Z}_1$になる．

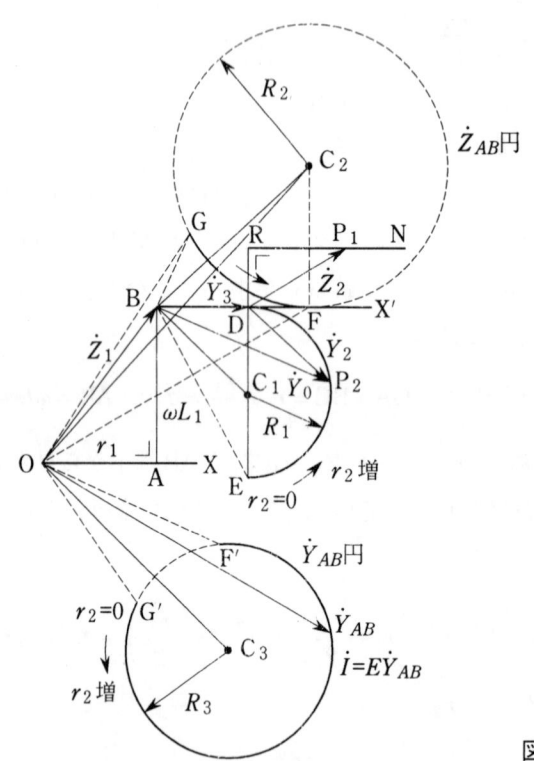

図4・10 $\dot{Y}_{AB}(\dot{I})$の軌跡

このB点を第二の原点と考え，$\overrightarrow{\mathrm{BD}} = \dot{Y}_3 = 1/r_3$とし，Dを第三の原点と考えると，$r_2, L_2$の回路では$\omega L_2$が定値で$r_2$が変化するので，$\dot{Z}_2 = r_2 + j\omega L_2$において実数部の変化する場合になり，$\dot{Z}_2$のベクトル軌跡はDR $= \omega L_2$にとると，RNなる半直線になり，直線上の任意の点P_1をとるとRP$_1 = r_2$をあらわし，$\overrightarrow{\mathrm{DP}_1} = \dot{Z}_2$になる．したがって，この部分のアドミタンス$\dot{Y}_2$は原点（D）を通る円になり

$$g^2 + \left(b + \frac{1}{2\omega L_2}\right)^2 = \left(\frac{1}{2\omega L_2}\right)^2$$

となり，中心C_1の座標は$(0, -1/2\omega L_2)$であり，半径$R_1 = 1/2\omega L_2$になる．この

-60-

$\dot{Y}_2$ と $\dot{Y}_3$ の和が並列部分の合成アドミタンス $\dot{Y}_0$ になるので

$$\dot{Y}_0 = \dot{Y}_3 + \dot{Y}_2 = \overrightarrow{BD} + \overrightarrow{DP_2} = \overrightarrow{BP_2}$$

となり, $r_2 = 0$ では

$$\dot{Y}_0 = \frac{1}{r_3} - j\frac{1}{\omega L_2} = \overrightarrow{BD} + \overrightarrow{DE} = \overrightarrow{BE}$$

また, $r_2 = \infty$ では $\dot{Y}_2 = 0$ になって, $\dot{Y}_0$ は $\dot{Y}_3$ と一致し $\overrightarrow{BD}$ になる. この $\dot{Y}_0$ の逆ベクトル $\dot{Z}_0 = 1/\dot{Y}_0$ は C_2 円になり, ここでB点から見た C_1 の座標は

$$(1/r_3, \ -1/2\omega L_2)$$

半径は $R_1 = 1/2\omega L_2$

となるので, 3·6の〔定理3〕の説明から明らかなように C_2 円の座標は

$$R = a^2 + b^2 - r^2 = \left(\frac{1}{r_3}\right)^2 + \left(\frac{1}{2\omega L_2}\right)^2 - \left(\frac{1}{2\omega L_2}\right)^2 = \frac{1}{r_3^2}$$

となるので,

$$\left(\frac{a}{R}\right) = \frac{1}{r_3} \times r_3^2 = r_3, \quad \left(\frac{b}{R}\right) = \frac{1}{2\omega L_2} \times r_3^2 = \frac{r_3^2}{2\omega L_2}$$

となり, 原点をBと考えたときの C_2 の座標は $(r_3, \ r_3^2/2\omega L_2)$ になる.

また, その半径は

$$半径 \quad R_2 = \frac{R_1}{R} = \frac{1}{2\omega L_2} \times r_3^2 = \frac{r_3^2}{2\omega L_2} = \left(\frac{b}{R}\right)$$

となり, 図では $BF = r_3$, $C_2 F = r_3^2/2\omega L_2 = (r_2)$ となり, $\angle C_2 BF = \angle C_1 BD = \arctan(r_3/2\omega L_2)$ になる ($\triangle BC_1 D \infty \triangle BC_2 F$). なお, $r_2 = 0$ では, C_1 円ではE点になり, その座標は $(1/r_3, \ -1/\omega L_2)$ であって, これに対応する C_2 円のG点の座標は

$$\frac{1}{(1/r_3) - j(1/\omega L_2)} = \frac{\omega^2 L_2^2 r_3}{r_3^2 + \omega^2 L_2^2} + j\frac{\omega L_2 r_3^2}{r_3^2 + \omega^2 L_2^2}$$

となる. あるいは $\angle FBG = \angle DBE = \arctan(r_3/\omega L_2)$ としてBG線を引き C_2 円との交点をGとしてもよい.

さらに $r_2 = \infty$ では C_1 円では D $(1/r_3, \ 0)$ 点になるが, これに対応する C_2 円のF点は その逆数の $(r_3, \ 0)$ として求められる. 結局, 並列部分のインピーダンス $\dot{Z}_0 = 1/\dot{Y}_0$ は C_2 円上を r_2 が $0 \to \infty$ に変化するのに応じてG点からF点に向って移動し, $\dot{Z}_0$ のベクトル軌跡はB点とこの円弧GF上の点を結んだものになる. さて, この $\dot{Z}_0$ に $\dot{Z}_1 = r_1 + j\omega L_1 = \overrightarrow{OB}$ を加えたものが, AB端子間から見た回路の全インピーダンス $\dot{Z}_{AB}$ になる. これをおおまかにいうと, $\dot{Z}_{AB}$ は原点Oと C_2 の円周上の点を結んだものであらわされるといえる. 実際は上述のように, その一部分の円弧GF上の点になる.

次に, この $\dot{Z}_{AB}$ の逆ベクトル $\dot{Y}_{AB} = 1/\dot{Z}_{AB}$ の軌跡を求めると, これも円となり, C_3 円のようになる. さて, 原点Oから見た C_2 円の中心の座標は

$$a = OA + BF = r_1 + r_3, \quad b = AB + FC_2 = \omega L_1 + \frac{r_3^2}{2\omega L_2}$$

であり，半径 $R_2 = r_3{}^2/2\omega L_2$ であったので，この場合の

$$R' = a^2 + b^2 - r^2 = (r_1+r_3)^2 + \left(\omega L_1 + \frac{r_3{}^2}{2\omega L_2}\right)^2 - \left(\frac{r_3{}^2}{2\omega L_2}\right)^2$$

$$= (r_1+r_3)^2 + \frac{L_1}{L_2}\left(r_3{}^2 + \omega^2 L_1 L_2\right)$$

となるので，$\dot{Y}_{AB}$ の軌跡をあらわす C_3 円の中心の座標と半径 R_3 は

$$\text{座標は}\quad \left(\frac{r_1+r_3}{R'},\; -\frac{\omega L_1 + \dfrac{r_3{}^2}{2\omega L_2}}{R'}\right), \quad \text{半径は}\quad R_3 = \frac{\dfrac{r_3{}^2}{2\omega L_2}}{R'}$$

となり，また，

$$\angle C_3 OX = \angle C_2 OX = \arctan \frac{\omega L_1 + \dfrac{r_3{}^2}{2\omega L_2}}{r_1+r_3}$$

であって，C_2 円周上の G 点および F 点に対応する C_3 円周上の G′点および F′点は，$\angle G'OX = \angle GOX$ および $\angle F'OX = \angle FOX$ となるように OG′ および OF′ 線を引いて C_3 円との交点を求めてもよいが，または

$$\text{G′点の座標}\quad \left(\frac{r_1+r'}{Z_a{}^2},\; -\frac{\omega L_1 + x'}{Z_a{}^2}\right)$$

ただし，$r' = \dfrac{\omega^2 L_2{}^2 r_3}{r_3{}^2 + \omega^2 L_2{}^2}$, $\quad x' = \dfrac{\omega L_2 r_3{}^2}{r_3{}^2 + \omega^2 L_2{}^2}$

$$Z_a{}^2 = (r_1 + r')^2 + (\omega L_1 + x')^2$$

$$\text{F′点の座標}\quad \left(\frac{r_1+r_3}{Z_b{}^2},\; -\frac{\omega L_1}{Z_b{}^2}\right)$$

ただし，$Z_b{}^2 = (r_1+r_3)^2 + \omega^2 L_1{}^2$ として計算してもよい．

結局，AB 端子間から見た回路の全アドミタンス $\dot{Y}_{AB}$ は，r_2 が 0 から ∞ に変化するのに対応して，C_2 円の周囲上を G′点から F′点に向って移動し，流入電流 $\dot{I} = E\dot{Y}_{AB}$ もこの $\dot{Y}_{AB}$ のベクトル軌跡を E 倍したもので同様に変化する．

【例題 5】 線路の抵抗 r, リアクタンス x である図 4・11 のような送電線において，送電端の電圧 E_S および受電端の電圧 E_R を一定に保ち，負荷力率を調整したとき受電端の有効電力 P と無効電力 Q の関係は円線図であらわされることを証明せよ．

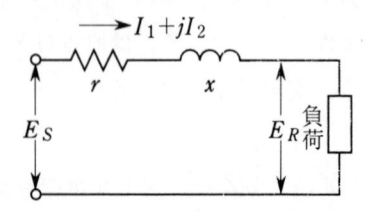

図 4・11 定電圧回路の力率調整

電力円線図　【解答】 これは送電線の電力円線図であって，負荷電流の有効分を I_1, 無効分を I_2 とすると線路に流れる全電流は $I_1 \pm jI_2$（進み電流を＋，遅れ電流を－とする）となり，受電端電圧 E_R を基準として，送電端電圧 E_S を求めると，

$$\dot{E}_S = E_R + (I_1 \pm jI_2)(r+jx)$$
$$= (E_R + I_1 r \mp I_2 x) + j(I_1 x \pm I_2 r)$$
$$E_S^2 = E_R^2 + 2E_R I_1 r \mp 2E_R I_2 x + I_1^2 r^2 \mp 2I_1 I_2 rx$$
$$\quad + I_2^2 x^2 + I_1^2 x^2 \pm 2I_1 I_2 rx + I_2^2 r^2$$
$$= I_1^2(r^2+x^2) + 2E_R I_1 r + I_2^2(r^2+x^2) \mp 2E_R I_2 x + E_R^2$$
$$= I_1^2 Z^2 + 2E_R I_1 r + I_2^2 Z^2 \mp 2E_R I_2 x + E_R^2$$

この両辺を $Z^2 = r^2 + x^2$ で除すると

$$\frac{E_S^2}{Z^2} = I_1^2 + \frac{2E_R I_1 r}{Z^2} + I_2^2 \mp \frac{2E_R I_2 x}{Z^2} + \frac{E_R^2}{Z^4}(r^2+x^2)$$
$$= \left(I_1^2 + \frac{2E_R I_1 r}{Z^2} + \frac{E_R^2 r^2}{Z^4} \right) + \left(I_2^2 \mp \frac{2E_R I_2 x}{Z^2} + \frac{E_R^2 x^2}{Z^4} \right)$$

$$\therefore \quad \left(I_1 + \frac{E_R r}{Z^2} \right)^2 + \left(I_2 \mp \frac{E_R x}{Z^2} \right)^2 = \left(\frac{E_S}{Z} \right)^2$$

円の方程式 ここで，変数は I_1 と I_2 であって，これが相関的に変化するが，その関係は上式から明らかに円の方程式になる．この両辺に E_R^2 を乗ずると $E_R I_1 = P$ で有効電力となり，$E_R I_2 = Q$ で無効電力になるので

$$\left(P + \frac{E_R^2 r}{Z^2} \right)^2 + \left(Q \mp \frac{E_R^2 x}{Z^2} \right)^2 = \left(\frac{E_S E_R}{Z} \right)^2$$

となって，有効電力 P と無効電力 Q の関係も**図4·12**に示すように円線図であらわされる．

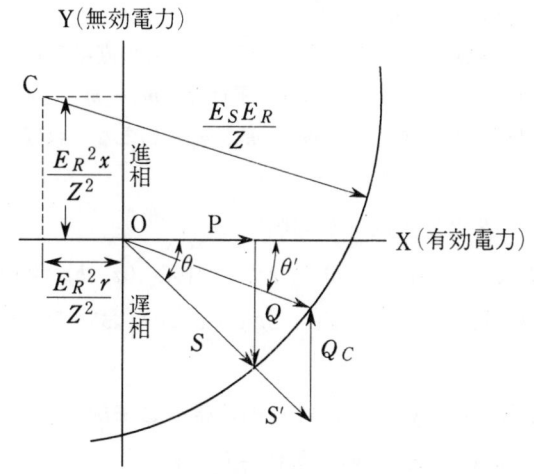

図4·12 送電線の電力円線図

皮相電力 今，負荷の有効電力 P，無効電力 Q，力率 $\cos\theta$，すなわち，皮相電力 S が $S = P/\cos\theta$ のとき，負荷皮相電力が S' のように増加したとすると，E_S，E_R を一定値に保つには Q_C のような進相電力を供給してやらねばならない．その結果，負荷の総合力率は $\cos\theta'$ になる．このように，送電線の電力円線図は E_R と E_S を一定値に保つためには，**電力円線図** 有効電力と無効電力の割合をこの円線図に従って調整すべきことをあらわしている．なお，この電力円線図より最大受電電力の限界を求めることもできる．

5 解析幾何の要点

5・1 解析幾何の基礎知識

【1】 直線の方程式； (2・1)式以下を参照

　　　標準形； $y = mx + k$　　m；勾配　　k；y切片

(1) 座標軸に平行な直線は，y軸に平行 $x = a$,　x軸に平行 $y = b$.

(2) 原点を通り勾配mの直線は　$y = mx$.

(3) x切片a, y切片bの直線は　$\dfrac{x}{a} + \dfrac{y}{b} = 1$.

(4) 点 (x_1, y_1) を通り勾配mの直線は $y - y_1 = m(x - x_1)$.

(5) 2点 $(x_1, y_1)(x_2, y_2)$ を通る直線は　$y - y_1 = \dfrac{y_2 - y_1}{x_2 - x_1}(x - x_1)$.

　　これを行列式であらわすと　$\begin{vmatrix} x & y & z & 1 \\ x_1 & y_1 & & 1 \\ x_2 & y_2 & & 1 \end{vmatrix} = 0$.

(6) 直線への垂線の長さがρ, 垂線の傾角がθである直線（ヘッセの標準形）は，

$$x\cos\theta + y\sin\theta = \rho$$

　注： いくつかの直線の交点を求めるには，これらの直線をあらわす方程式を連立方程式として解く，また，二つの直線が平行だと $m_1 = m_2$, 垂直だと $m_1 m_2 = -1$ となり，両直線が一致するためには $m_1 = m_2$, $k_1 = k_2$ とならねばならない.

【2】 円の方程式； (2・23)式以下を参照

　　　標準形；$(x - a)^2 + (y - b)^2 = r^2$.　　中心 (a, b) 半径 (r)

2次方程式 $ax^2 + 2hxy + by^2 + 2fx + 2gy + c = 0$ において，$h = 0$, $a = b$, $f^2 + g^2 > c$ だと円になる.

(1) 円周上の1点 (x_1, y_1) における円の接線と法線は

　　接線　$(x_1 - a)(x - a) + (y_1 - b)(y - b) = r^2$

　　法線　$(y_1 - b)(x - a) - (x_1 - a)(y - b) = 0$

(2) 直線 $y = mx + k$ が円に接する条件は

$$(ma - b + k)^2 = r^2(1 + m^2)$$

(3) 1点 (x_0, y_0) から引いた円への接線の長さは

$$PT^2 = (x_0 - a)^2 + (y_0 - b)^2 - r^2$$

【3】 楕円の方程式； (2・29)式以下を参照

5·1 解析幾何の基礎知識

標準形; $\dfrac{x^2}{a^2}+\dfrac{y^2}{b^2}=1$.　長軸長 $(2a)$,　短軸長 $(2b)$,

前記, 2次方程式で $h=0$, $a\neq b$. $ab>0$ だと楕円 —— 2定点 (焦点) からの距離の和が一定な点の軌跡 —— になる.

(1) 楕円の離心率は, $e=\dfrac{\sqrt{a^2-b^2}}{a}$.　$0<e<1$.

(2) 楕円の準線は, $x=\dfrac{a}{e}$ および $x=-\dfrac{a}{e}$.

(3) 楕円上の1点 (x_1, y_1) での接線と法線は

　接線, $\dfrac{x_1 x}{a^2}+\dfrac{y_1 y}{b^2}=1$.　法線, $\dfrac{a^2 x}{x_1}-\dfrac{b^2 y}{y_1}=a^2-b^2$.

【4】双曲線の方程式； $(2\cdot34)$ 式以下を参照

標準形; $\dfrac{x^2}{a^2}-\dfrac{y^2}{b^2}=1$

前記, 2次方程式で $h=0$, $a\neq b$. $ab<0$ だと双曲線 —— 2定点 (焦点) からの距離の差が一定な点の軌跡 —— になる.

(1) 双曲線の離心率は　$e=\dfrac{\sqrt{a^2+b^2}}{a}$.　$e>1$

(2) 双曲線の準線は　$x=\dfrac{a}{e}$　および　$x=-\dfrac{a}{e}$

(3) 双曲線の漸近線は　$y=\dfrac{b}{a}x$　および　$y=-\dfrac{b}{a}x$

(4) 双曲線上の1点 (x_1, y_1) での接線と法線は

　接線, $\dfrac{x_1 x}{a^2}-\dfrac{y_1 y}{b^2}=1$,　法線, $\dfrac{a^2 x}{x_1}+\dfrac{b^2 y}{y_1}=a^2+b^2$

【5】放物線の方程式； $(2\cdot40)$ 式以下を参照

標準形; $y^2=4px$

前記, 2次方程式で $h=0$, a か b かが0だと放物線 —— 定点 (焦点) と定直線 (準線) に至る距離が等しい点の軌跡 —— になる.

(1) 放物線の離心率は, $e=1$
(2) 放物線の準線は　$x=-p$
(3) 放物線上の1点 (x_1, y_1) での接線と法線は

　接線, $y_1 y=2(xp+x_1)$.　法線, $y-y_1=-\dfrac{y_1}{2p}(x-x_1)$.

注: 　ここで 2·6 の2次曲線の一般的な考察, 特に xy 項を消去するための回転移動を十分に研究されたい. 以上でえた知識が実用になるかならぬかは, 一にこのことにかかってくる.

【6】極方程式 ； $(2\cdot45)$ 式以下を参照

$(2\cdot45)$ 直線の極方程式　$\rho\cos(\theta-\alpha)=r$

$(2\cdot46)$ 円の極方程式　$\rho^2-2\rho_1\rho\cos(\theta-\theta_1)+\rho_1^2-r^2=0$

$(2\cdot47)$ 楕円の極方程式　$\rho^2=\dfrac{b^2}{1-e^2\cos^2\theta}$

$(2\cdot50)$ 双曲線の極方程式　$\rho^2=\dfrac{b^2}{e^2\cos^2\theta-1}$

$(2\cdot53)$ 放物線の極方程式　$\rho=\dfrac{1}{1-\cos\theta}=p\operatorname{cosec}^2\dfrac{\theta}{2}$

5·2　ベクトル軌跡一般

次の各場合のベクトル軌跡をイメージする．
(1) $\dot{Z}=r+jx$ の x が変化したときの $\dot{Z}$ と $\dot{Y}=1/\dot{Z}$ のベクトル軌跡
(2) $\dot{Z}=r+jx$ の r が変化したときの $\dot{Z}$ と $\dot{Y}$ のベクトル軌跡
(3) $\dot{Z}_1$ と $\dot{Z}_2$ の虚数部が変化したときの $\dot{Z}_1\dot{Z}_2$ のベクトル軌跡
(4) $\dot{Z}_1$ と $\dot{Z}_2$ の虚数部が変化したときの $\dot{Z}_1/\dot{Z}_2$ のベクトル軌跡
(5) $\dot{Z}=\cosh(a+jb)$ のベクトル軌跡

5·3　ベクトル軌跡に関する諸定理

(1) あるベクトルの軌跡が直線だと，その逆ベクトルの軌跡は原点を通る円になる．
(2) あるベクトルの軌跡が原点を通る円だと，その逆ベクトルの軌跡は直線になる．
(3) あるベクトルの軌跡が原点を通らない円だと，その逆ベクトルの軌跡も円になる．
(4) あるベクトルの軌跡が直線または任意の曲線を画くとき，これに不変ベクトルを加減したものの軌跡もまた直線または同形の曲線を画く．
(5) あるベクトルの軌跡が直線だと，これに不変ベクトルを乗じたものの軌跡も直線を画く．
(6) あるベクトルの軌跡が円だと，これに不変ベクトルを乗じたものの軌跡も円を画く．

6 解析幾何の演習問題

注意 次の問題の曲線やベクトル軌跡はこのテキストを完全に理解されるなら自から描けるので答の図は省略した．

【問題1】 懸垂がいしの連結個数Nとそのフラッシオーバ電圧V〔kV〕の関係を示すと図のような直線になる．VとNの関係式を求めよ．

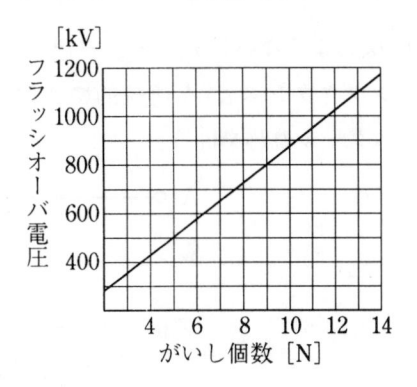

〔答　$V = 71.43N + 171.43$〕

【問題2】 同期交流発電機の起電力をE_0，端子電圧をE_t，同期リアクタンスをx_s——抵抗を無視する——とし，負荷力率を一定としたとき，負荷電流IとE_tの関係曲線を描け．

〔答　楕円〕

【問題3】 点電荷Qによる電位Vと電荷からの距離rの関係曲線を求めよ．

〔答　双曲線〕

【問題4】 一様なる電界内を運動する電子の画く軌道が放物線となることを証明せよ．

【問題5】 抵抗RとインダクタンスLの直列接続のインピーダンス$\dot{Z} = R + j\omega L$においてωLを一定とし，Rだけを変化するとき，アドミタンス$\dot{Y} = 1/\dot{Z}$のベクトルの先端が画く軌跡は半円であることを証明せよ．

【問題6】 図のような抵抗Rと静電容量Cとを直列とした回路で，Rの値を連続的に変化させたときの，O点に対するP点の電圧ベクトルの軌跡を画け．

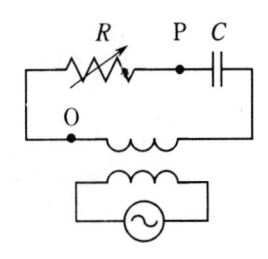

6 解析幾何の演習問題

【問題7】 図のような抵抗r_1, r_2, 自己インダクタンスL_1, 静電容量Cからなる回路のAB端子間に一定値の交流電圧Eを加え，r_1を連続的に変化したとき，AB端子間に流入する電流$\dot{I}$のベクトル軌跡を求めよ．

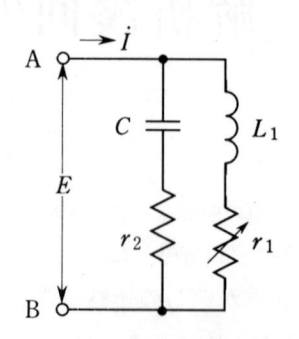

【問題8】 図のような抵抗r_1, r_2, 自己インダクタンスL_1, L_2, 静電容量Cからなる回路のインダクタンスL_1を連続的に変化したとき，端子ABから見たインピーダンス$\dot{Z}_{AB}$のベクトル軌跡を問う．

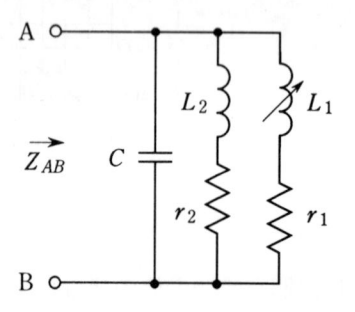

【問題9】 図のように可変の相互インダクタンスMで結合された二つの回路の一方に交流起電力Eを加えた場合，この回路の電流ベクトル$\dot{I}$が画く軌跡を求めよ．ただし，R_1, R_2およびL_1, L_2はそれぞれ抵抗および自己インダクタンスとする．

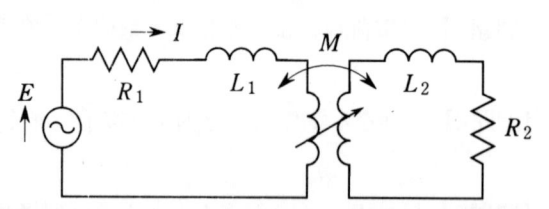

【問題10】 抵抗R, r_1, 自己インダクタンスL, 静電容量Cからなる回路のrを変化したとき，端子ABから見たインピーダンス$\dot{Z}_{AB}$のベクトル軌跡を描け．

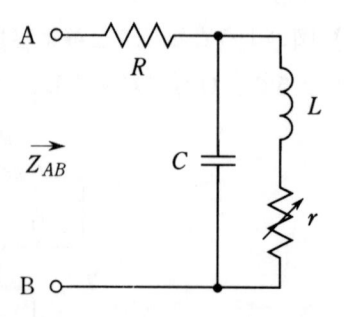

6 解析幾何の演習問題

【問題11】 図のような電気回路において，抵抗rだけが変化するとき，起電力の位相角が零で，角速度がωのとき，抵抗rを流れる電流ベクトルIの先端が画く軌跡を求めよ．

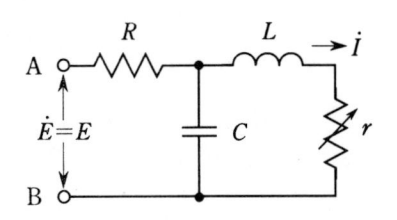

【問題12】 抵抗r, r_1, r_2，誘導リアクタンスx, x_1と可変リアクタンスx_2からなる図のような回路のAB端子間に一定電圧Eを加えたとき，x_2の変化に対するr_1, x_1の流入電流Iのベクトル軌跡を求めよ．

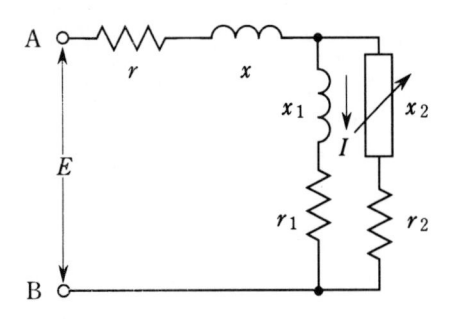

【問題13】 3相誘導電動機の円線図を描いてこれから最大力率を求めよ．ただし，全漏えいリアクタンスをa％〔単位法〕，励磁電流をb％〔単位法〕とし，機械損および鉄損は無視するものとする．

〔答 $1/(1 + 2ab \times 10^{-4})$〕

【問題14】 1線の抵抗20Ω，リアクタンス60Ωの3相3線式1回線の送電線路がある．受電端負荷の力率は調相機によって任意に調整することができるものとする．いま，受電端電圧を60kV，送電端電圧を66kVに保つ場合，この送電線路で受電することができる電力は最大何kWとなるか電力円線図を画いて求めよ．

〔答 44 500kW〕

索引

英字

2円の根軸	20
2次曲線	33
I_0 のベクトル軌跡	55
$\dot{I}$ のベクトル軌跡	41
$\dot{Y}$ のベクトル軌跡	40, 42, 56, 58
$\dot{Y}$ の軌跡	55
$\dot{Z}$ のベクトル軌跡	41
$\dot{Z}$ の逆数ベクトル	42

ア行

アポロニウスの円	16
インピーダンスの軌跡	57
円の割線	20
円の極方程式	36
円の接線	17, 18
円の方程式	15, 63
円回転磁界	25

カ行

カルテシアン座標	2
回転移動	4
基線	3
軌跡	2
逆数ベクトル	39
虚円	16
共軸円	20
曲線の法線	18
極座標	3
極線	20, 25, 29
極線の極	20
極方程式	35
原点	2
勾配	9

サ行

座標	2
座標幾何学	1
三角形の重心	6
実円	16
斜交座標	3
切片	9
双曲線	26, 34, 37
双曲線の準線	28
双曲線の漸近線	28
双曲線の中心	27
双曲線の頂点	27
双曲線の方程式	46
双曲線の離心率	28
双曲線関数	45

タ行

楕円	21, 34
楕円の極方程式	37
楕円の準線	23
楕円の焦点	21
楕円の方程式	22, 45
楕円の離心率	23
楕円回転磁界	25
第2余弦法則	5
短軸	21
弛度	32
長軸	21
直角双曲線	28, 29
直交座標	2
直線の極方程式	36
直線の方程式	10
点円	16
点楕円	34
電力円線図	62, 63

ハ行

皮相電力	63
平行移動	3

索引

ヘッセの標準形	12
ベクトル軌跡	39
偏角	3
放物線	29, 34
放物線の極方程式	37
放物線の焦点	31
放物線の方程式	30, 43
放物線の離心率	32
方向係数	9
法線の方程式	18
巻線の平均温度上昇	14
巻線抵抗	14

ラ行

両直線が一致	13
両直線が垂直	13
両直線が平行	13

d – book
解析幾何とベクトル軌跡

2000年8月20日　第1版第1刷発行

著　者　　田中久四郎
発行者　　田中久米四郎
発行所　　株式会社電気書院
　　　　　東京都渋谷区富ケ谷二丁目2-17
　　　　　（〒151-0063）
　　　　　電話03-3481-5101（代表）
　　　　　FAX03-3481-5414
制　作　　久美株式会社
　　　　　京都市中京区新町通り錦小路上ル
　　　　　（〒604-8214）
　　　　　電話075-251-7121（代表）
　　　　　FAX075-251-7133

印刷所　　創栄印刷株式会社
ⓒ2000HisasiroTanaka　　　　　　　　　Printed in Japan
ISBN4-485-42913-X　　［乱丁・落丁本はお取り替えいたします］

　　　　R　R　〈日本複写権センター非委託出版物〉

　本書の無断複写は，著作権法上での例外を除き，禁じられています．
　本書は，日本複写権センターへ複写権の委託をしておりません．
　本書を複写される場合は，すでに日本複写権センターと包括契約をされている方も，電気書院京都支社（075-221-7881）複写係へご連絡いただき，当社の許諾を得て下さい．